Gunnjeet Kaur
Hemraj Jat

Monitorização e Tratamento de Água Efluente para Manutenção do nível de CBO

Gunnjeet Kaur
Hemraj Jat

Monitorização e Tratamento de Água Efluente para Manutenção do nível de CBO

Tetina de Água Efluente

ScienciaScripts

Imprint

Any brand names and product names mentioned in this book are subject to trademark, brand or patent protection and are trademarks or registered trademarks of their respective holders. The use of brand names, product names, common names, trade names, product descriptions etc. even without a particular marking in this work is in no way to be construed to mean that such names may be regarded as unrestricted in respect of trademark and brand protection legislation and could thus be used by anyone.

Cover image: www.ingimage.com

This book is a translation from the original published under ISBN 978-620-4-75245-7.

Publisher:
Sciencia Scripts
is a trademark of
Dodo Books Indian Ocean Ltd. and OmniScriptum S.R.L publishing group

120 High Road, East Finchley, London, N2 9ED, United Kingdom
Str. Armeneasca 28/1, office 1, Chisinau MD-2012, Republic of Moldova, Europe
Printed at: see last page
ISBN: 978-620-5-76343-8

Conteúdos

Introdução

A água é a substância química com fórmula química $H_2 O$: uma molécula de água tem dois átomos de hidrogénio covalentemente ligados a um único átomo de oxigénio. A água aparece na natureza nos três estados comuns da matéria e pode assumir muitas formas diferentes na Terra: vapor de água e nuvens no céu; água do mar e icebergs nos oceanos polares; glaciares e rios nas montanhas; e o líquido nos aquíferos no solo.

A poluição é a introdução de contaminantes num ambiente que causa instabilidade, desordem, dano ou desconforto ao ecossistema, ou seja, aos sistemas físicos ou organismos vivos. A poluição pode assumir a forma de substâncias químicas ou energia, tais como o ruído, o calor ou a luz. Os poluentes, os elementos da poluição, podem ser substâncias ou energias estranhas, ou naturais; quando ocorrem naturalmente, são considerados contaminantes quando excedem os níveis naturais. A poluição é frequentemente classificada como fonte pontual ou não pontual de poluição. A poluição da água, pela libertação de produtos residuais e contaminantes no escoamento superficial em sistemas de drenagem fluvial, lixiviação em águas subterrâneas, derrames de líquidos, descargas de águas residuais, eutrofização e lixo.

A maior parte da água doce é poluída pela descarga de esgotos e efluentes industriais no rio e alguma poluição ocorre naturalmente sob a forma de erosão mineral, folhas caídas, decomposição de desperdício animal e solução de mineral na água, etc. A palavra poluída na água é definida como "a água não cumpre sequer as normas mínimas para qualquer função e fins para os quais seria adequada no seu estado natural".

O conceito de poluição da água pode ser definido como "qualquer alteração nas propriedades físicas (por exemplo, temperatura), químicas e biológicas da água, bem como a contaminação com qualquer substância estranha que constitua um perigo para a saúde ou que de outra forma diminua a utilidade da água".

A água que pode ser consumida em qualquer quantidade desejada sem preocupação de efeitos adversos para a saúde é designada como água potável. Água palatável, que é agradável de beber mas não necessariamente segura. Portanto, devemos fornecer água que seja simultaneamente potável e palatável.

À medida que a produção aumenta enquanto a capacidade das plantas permanece a mesma, a tarefa de produzir água potável torna-se cada vez mais difícil. Para conceber uma estação de tratamento de água, é necessária uma análise física e química. De acordo com a utilização final destinada à água potável, devem ser efectuados diferentes testes.

Toda a água disponibilizada aos consumidores através de um sistema de abastecimento deve ser tratada mesmo que apenas o indivíduo consuma directamente uma pequena fracção da mesma. Seria perigoso para a saúde pública e economicamente proibitivo criar um sistema de abastecimento duplo com um sistema de distribuição de água para outras utilizações.

A água deve ser tratada sempre que qualquer uma das medições analíticas se elevar acima do padrão legal actual no país em questão. W.H.O. estabelece recomendações para cada medição que devem ser seguidas por cada país, dependendo do estado de saúde desse país e do estado da sua economia, o objectivo é estabelecer normas nacionais.

FONTES E TIPOS DE ÁGUA BRUTA

Águas subterrâneas: A água que emerge de algumas águas subterrâneas profundas pode ter caído como chuva há muitas décadas, centenas, milhares ou em alguns casos há milhões de anos. As camadas do solo e das rochas filtram naturalmente as águas subterrâneas a um elevado grau de clareza antes da estação de tratamento. Esta água pode emergir como nascentes, nascentes artesianas, ou pode ser extraída de furos ou poços. As águas subterrâneas profundas são geralmente de muito alta qualidade bacteriológica (ou seja, as bactérias patogénicas ou os protozoários patogénicos estão tipicamente ausentes), mas a água é tipicamente rica em sólidos dissolvidos, especialmente carbonatos e sulfatos de cálcio e magnésio. Dependendo dos estratos através dos quais a água fluiu, outros iões podem também estar presentes, incluindo cloreto, e bicarbonato. Pode haver a necessidade de reduzir o teor de ferro ou manganês desta água para torná-la agradável para beber, cozinhar e lavar. A desinfecção pode também ser requerida. Onde a recarga de águas subterrâneas é praticada; um processo em que a água do rio é injectada num aquífero para armazenar a água em tempos de abundância para que esteja disponível em tempos de seca; é equivalente às águas de superfície das terras baixas para efeitos de tratamento.

Lagos de montanha e reservatórios: Tipicamente localizados nas cabeceiras dos sistemas fluviais, os reservatórios de montanha estão normalmente localizados acima de qualquer habitação humana e podem estar rodeados por uma zona de protecção para restringir as oportunidades de contaminação. Os níveis de bactérias e agentes patogénicos são geralmente baixos, mas algumas bactérias, protozoários ou algas estarão presentes. Onde as terras altas são florestadas ou turfosas, os ácidos húmicos podem colorir a água. Muitas fontes montanhosas têm pH baixo, o que requer ajuste.

Rios, canais e reservatórios de terras baixas: As águas de baixa superfície terrestre terão uma carga bacteriana significativa e podem também conter algas, sólidos em suspensão e uma variedade de constituintes dissolvidos.

A geração de água atmosférica é uma nova tecnologia que pode fornecer água potável de alta qualidade, extraindo água do ar através do arrefecimento do ar e, assim, condensando o vapor de água.

A recolha da água da chuva ou nevoeiro que recolhe a água da atmosfera pode ser utilizada especialmente em áreas com épocas secas significativas e em áreas que experimentam nevoeiro mesmo quando há pouca chuva.

Dessalinização da água do mar por destilação ou osmose inversa.

Característica	Águas superficiais	Terreno Água	Efeitos
Temperatura	Varia com Temporada	Relativamente constante	
Turbidez(SS)	Variável de nível, algumas vezes alta	Baixo ou Nulo	Diminuir a capacidade de penetração da luz na água
Cor	Devido às argilas, algas, excepto em água muito macia ou ácida	Devido a sólidos dissolvidos (Ácido húmico)	Geralmente Corrosivo na natureza
Conteúdo mineral	Varia com o solo, efluentes, etc.	Maioritariamente constante, geralmente apreciável mais alto do que à superfície água da mesma área	
Fe e Mn Divalente	Normalmente nenhum, excepto no fundo de lagos ou lagoas em processo de eutrofização	Normalmente presente	Em exposição ao ar, as nuvens de água sobem e depositam amareladas ou castanhas-avermelhadas sedimento de hidróxido de ferro. Mancha tudo o que está em contacto.
Dióxido de carbono	Normalmente nenhum	Apresenta-se frequentemente em quantidades.	Corrosivo e acelera a corrosão por oxigénio.
Oxigénio Dissolvido	Frequentemente próximo do nível de saturação. Ausente em muito poluído	Normalmente nenhum	É corrosivo para o ferro, zinco, latão e

	água		outros metais
Sulfureto de Hidrogénio	Normalmente nenhum	Frequentemente presente	Changephysical propriedades da água
Amoníaco	Encontrado apenas em água poluída	Muitas vezes encontrado, sem ser um indexof sistemático bacteriano poluição	-
Nitratos	Geralmente baixo	Algumas vezes alto	-
Sílica	geralmente moderado	-	Depositar ou formar camadas sobre as lâminas da turbina, caldeira de alta pressão
Mineraland micropoluentes orgânicos	Presente nos países desenvolvidos da água, mas susceptível de desaparecer rapidamente uma vez que a fonte seja removida	Normalmente nenhum mas nenhum poluição acidental	Geralmente Corrosivo em natureza
Viver Organismos	Bactérias (algumas patogénicas), vírus, plâncton (animal e vegetal)	Bactérias de ferro frequentemente encontradas	Mudança física Propriedades da água
Clorado solvente	Raramente presente	Muitas vezes Presente	
Eutrófico Natureza	Muitas vezes aumentada por altas temperaturas.	Não	

TABELA NO .1 Propriedades gerais das águas subterrâneas e águas superficiais

EFEITOS DAS IMPUREZAS NA ÁGUA

IMPURIDADES	OS SEUS EFEITOS
A-SUSPENDIDO 1. Material em suspensão : 2. Bactérias : 3. Vírus : 4. Minhocas parasitas : B- DISSOLVADO 1. Bicarbonato, Cloretos e sulfatos de cálcio e Magnésio 2. Acidez 3. Oxigénio 4. Sabão e Álcali 5. Os compostos de mercúrio são concertado em metilmercúrio altamente tóxico quando presente superior a 1 - 10 Mg/L 6. Dióxido de Carbono 7. Bicarbonato de sódio e carbonato 8. Pesticidas	A água é turva e não aceitável Causa cólera, febre tifóide, disenteria, etc. Causam infecções por vermes entrovíricos Causam infecções por vermes redondos e de anzóis. Alcalinidade, dureza e efeitos corrosivos em caldeiras Irritação dos olhos e lesões nos dentes. Corrosivo para metais. Causas da formação na água Acumulação em peixes e a sua ingestão pelo homem pode causar desordem cerebral. Ácido e Corrosivo aos metais. Alcalinidade e efeito suavizante sobre Água dura. Afecta a propriedade da água

O Poluente da Água pode ser classificado nas seguintes categorias.
1.   Poluente Orgânico
2.   Poluente Inorgânico
3.   Poluente Térmico

ORGÂNICO	INORGÂNICO	PHYSICAL	THERMAL
Este grupo	Este grupo	Este grupo	Este grupo
inclui	inclui	inclui.	inclui.
1. CCE Carbono	1. pH	1. Temperatura	1 Só tem
extracto de clorofórmio	2. TDS	2. Odor e sabor	
2.Oil & Grease	3. Alcalinidade	3. Cor	

3. Metanfetaminas	4. Iões, Elementos	4. Turbidez	
azul activo	e compostos		
substância	Para ovo. bacalhau, Cr, Cu,		
4. Cianeto	B, Bad, As, Fe, Pub,		
5. Pesticidas &	Na, P, Se, Zn, Coe,		
Herbicidas	ião urinol Nitrato &		
6. CBO e CQO	Nitritos Sulfato &		
	Sulfureto de amónia		

TABELA.NO. 2 Tipos de poluição da água

POLUENTES ORGÂNICOS:

Este grupo inclui agentes causadores de doenças por compostos orgânicos sintéticos, resíduos que exigem oxigénio, nutrientes vegetais e óleo. O oxigénio dissolvido é essencial para a vida aquática. O Óptimo D.O. em natural depois é 4-6 ppm: Se o valor do D.O. Diminui a poluição aumenta principalmente devido à matéria orgânica, por exemplo, os resíduos industriais da água dos moinhos são os portadores de microrganismos patogénicos. A produção de produtos químicos orgânicos sintéticos inclui combustíveis, plásticos, detergentes insecticidas Farmacêuticos. Doenças: febre tifóide, febre paratifóide, disenteria, poliomiclite e cólera.

POLUENTES INORGÂNICOS:

Este grupo inclui sais inorgânicos, ácidos, finamente divididos em metais ou compostos metálicos oligoelementos, minerais, complexos de metais com orgânicos em água natural e compostos metálicos orgânicos.

POLUENTES TÉRMICOS:

As centrais eléctricas alimentadas a carvão ou a combustível nuclear estão associadas ao problema da poluição térmica.

CARACTERÍSTICAS FÍSICAS, QUÍMICAS E BIOLÓGICAS DAS ÁGUAS RESIDUAIS E SUAS FONTES

Propriedades físicas

Cor :	Resíduos domésticos e industriais, naturais decadência do matrimónio orgânico
Temperatura :	Resíduos domésticos e industriais.
Odor e sabor :	Abastecimento de água em decomposição, erosão do solo, afluência filtragem, resíduos domésticos e industriais.

FONTES CARACTERÍSTICAS

Componentes químicos :
Orgainc

Hidratos de carbono :	Resíduos domésticos, comerciais e industriais.
Gorduras, óleos e gorduras :	Resíduos domésticos, comerciais e industriais.
Pesticidas :	Resíduos agrícolas.
Fenóis :	Resíduos industriais.
Surfactantes :	Resíduos domésticos e industriais.

| Proteínas | : | Resíduos domésticos e comerciais. |
| Outros : | | Desintegração natural ou materiais orgânicos. |

Componentes Biológicos:

Animal:		Curso de água aberto e estações de tratamento
Plantas:		Curso de água aberto e estações de tratamento
Protista	:	Resíduos domésticos, estações de tratamento.
Vírus :		Domésticos, resíduos.

Componentes inorgânicos :

Alcalinidade :   Abastecimento de água doméstica, resíduos domésticos,

infiltração de águas subterrâneas.

Metais pesados	:	Resíduos industriais.
pH :		Resíduos industriais.
Cloretos	:	Abastecimento de água doméstica, resíduos domésticos, wa ter

retido em amaciadores de água de filtração.

| Nitrogénio | : | Resíduos domésticos e agrícolas. |
| Fósforo | : | Resíduos domésticos e industriais, escorrimento natural. |

Enxofre   :   Abastecimento de água doméstica,resíduos domésticos e
industriais

Compunds Tóxicos   :   Resíduos industriais

Infiltração de águas superficiais de abastecimento doméstico de
Oxigénio   :   água.

EFEITOS DAS IMPUREZAS NA ÁGUA :

Os efeitos de algumas das impurezas comuns em águas poluídas são apresentados na tabela seguinte.

IMPURIDADES	OS SEUS EFEITOS
A-SUSPENDIDO	A água é turva e não aceitável Causa cólera, febre tifóide,
1. Material em	
suspensão	disenteria, etc. Causa infecção por entrovírus Causa infecções
	por vermes redondos e parasitas de gancho.
2. Bactérias	
3. Vírus	Alcalinidade, dureza e efeitos corrosivos em caldeiras
4. Minhocas parasitas	Irritação dos olhos e lesões nos dentes.
B- DISSOLVADO	Corrosivo para metais.
1. Bicarbonato, Cloretos	Causas da formação na água Acumulação em peixes e a sua
e Sulfatos de Cálcio e	ingestão pelo homem pode causar desordem cerebral.
Magnésio	Ácido e Corrosivo aos metais. Alcalinidade e efeito suavizante sobre Água dura.
2. Acidez	
3. Oxigénio	

4. Sabão e Álcali

5. Os compostos de

mercúrio são concertados

em metil-mercúrio

altamente tóxico quando

presentes na quantidade de

água

superior a 1 - 10 Mg/L

6. Dióxido de Carbono

7. Bicarbonato de sódio

e carbonato de sódio

8. Pesticidas   Afecta a propriedade da água

POLUENTES	MÉTODOS
ORGÂNICO	Ao determinar a CBO
OXIDANTES QUÍMICOS	Ao determinar a COD
TRACEMETAL ANÁLISE	Por absorção atómica Espectrofotómetro
ORTOFOSFATO	Por Método Espectrofotométrico
NITRATO / NITRITO	Pelo Método Espectrofotométrico

TABELA NO.3 Detecção de métodos de poluição da água para estimativa de poluentes na água

A água contém muitos contaminantes, que podem ser classificados em três categorias -

*   Sólidos suspensos
*   Partículas coloidais (menos de micron)
*   Substâncias dissolvidas (menos de vários nano metros)

ANÁLISE DA ÁGUA

A definição da finalidade e dos objectivos da análise é o primeiro passo na concepção de qualquer sistema de medição. A análise pode ser realizada em águas superficiais ou subterrâneas, águas municipais ou industriais, águas de irrigação.

A análise pode ser necessária:

1. Determinar a adequação da água para o seu uso pretendido & estabelecer o grau de tratamento necessário antes da sua utilização.

2. Estimar os possíveis efeitos prejudiciais de um efluente residual sobre a qualidade da água receptora para posterior utilização a jusante.

3. Avaliar os requisitos de tratamento necessários tendo em vista a reutilização da água.

4. Determinar as quantidades de valor por produtos, que poderiam ser recuperadas a partir de efluentes hídricos.

5. Avaliar e optimizar os processos industriais numa base contínua ou por lotes.

6. Fornecer a informação de base sobre a qualidade actual dos riachos e lagos, que pode ser utilizada para demonstrar futuras mudanças na sua qualidade.

A purificação da água é o processo de remoção de produtos químicos, materiais e contaminantes biológicos indesejáveis da água bruta. O objectivo é produzir água adequada para um fim específico. A maioria da água é purificada para consumo humano (água potável), mas a purificação da água pode também ser concebida para uma variedade de outros fins, incluindo satisfazer os requisitos de aplicações médicas, farmacológicas, químicas e industriais. Em geral, os métodos utilizados incluem processos físicos como a filtração e sedimentação, processos biológicos como filtros de areia lentos ou lamas activadas, processos químicos como a floculação e cloração e a utilização de radiação electromagnética como a luz ultravioleta.

O processo de purificação da água pode reduzir a concentração de partículas em suspensão, incluindo partículas em suspensão, parasitas, bactérias, algas, vírus, fungos; e uma gama de material dissolvido e particulado derivado das superfícies com as quais a água pode ter entrado em contacto depois de ter caído como chuva.

Os padrões de qualidade da água potável são tipicamente estabelecidos pelos governos ou por normas internacionais. Estas normas estabelecerão tipicamente concentrações mínimas e máximas de contaminantes para a utilização que deve ser feita da água.

Não é possível dizer se a água é de qualidade apropriada através de exame visual. Procedimentos simples como a fervura ou a utilização de um filtro de carvão activado doméstico não são suficientes para tratar todos os contaminantes possíveis que possam estar presentes na água a partir de uma fonte desconhecida. Mesmo a água de nascente natural -

considerada segura para todos os fins práticos no século XIX - deve agora ser testada antes de se determinar que tipo de tratamento, se houver, é necessário. A análise química, embora dispendiosa, é a única forma de obter a informação necessária para decidir sobre o método apropriado de purificação.

Introdução ao perfil da empresa

O grande filho e filantropo de Deli, Barey Lalaji, Lala Shriram foi o fundador do Grupo "DCM". O DCM Shriram Consolidated Limited (DSCL), está localizado a cerca de 15 Km da principal estação ferroviária de Kota, Rajasthan. A DSCL é uma empresa com volume de negócios de Rs. 3500 crores.O grupo DSCL iniciou a sua operação com a criação da Delhi Cloth Mills (DCM) 1889.

As seguintes unidades de negócio tornaram-se parte da DSCL.

Shriram Fertilizante & Químico, Kota, Rajasthan- fabricando Fertilizante & Poder Cativo.

Shriram Vinyl & Chemical Industries, Kota, Rajasthan- fabricando Plásticos, Carboneto, Cloro-álcali.

Shriram Cement Works, Kota, Rajasthan- fabricação de cimento.

Fenesta Bulding Products, Kota Rajasthan - perfil de janela de fabrico.

Swatantra Bharat Mills, Tonk, uma fábrica de compósitos têxteis.

Shriram Alkali e Químico, Bharuch, Gujarat- fabricando cloro alcalino químico.

DSCL Sugar, Ajbapur (U.P.), produzindo açúcar.

DSCL Sugar, Rupapur (U.P.) produz açúcar.

DSCL Sugar, Loni (U.P) produz açúcar

DSCL Sugar Hariyawan (U.P) produz açúcar

A principal carteira de negócios da empresa consistia em:

Fertilizante e poder

Agro - negócio

Produtos químicos

Plásticos

Cimento

Têxtil

Açúcar

O PROCESSO DE TRATAMENTO ENVOLVE:

A selecção, análise e concepção da operação e processo de tratamento são efectuados para cumprir objectivos de tratamento especificados relacionados com a remoção de contaminantes da água que suscitam preocupação.

As impurezas indesejáveis da água para uso industrial enquadram-se nestes grupos principais

1. Matéria mineral dissolvida
2. Gases dissolvidos
3. Turbidez
4. Cor
5. Encomenda do sabor
6. Microrganismos

Mecanismo de Desinfecção

Quatro mecanismos que têm sido propostos para explicar a acção dos desinfectantes são -

(a) Danos na parede celular
(b) Alteração da permeabilidade celular
(c) Alteração da natureza coloidal do protoplasma
(d) Inibição da actividade enzimática

No DSCL Chlorine as Disinfectant tem sido utilizado

A desinfecção com cloro envolve uma série muito complexa de eventos e é influenciada pelo tipo e extensão da reacção com cloro - material reactivo (incluindo azoto), temperatura, pH, viabilidade do organismo de ensaio e numerosos outros factores. Ao longo dos anos, várias teorias têm sido avançadas. A teoria inicial sustentava que o cloro reage directamente com a água para produzir oxigénio nascente. Outra sustentava que a acção do cloro é devida à destruição oxidativa completa dos organismos. Estas teorias foram anuladas, porque foram observadas pequenas concentrações de ácido hipocloroso para destruir bactérias, onde como outros oxidantes (tais como, $H O_{22}$ ou $KMNO_4$) não conseguiram fazer o mesmo. Uma teoria posterior sugeriu que o cloro reage com proteínas e aminoácidos das células para alterar e, por fim, destruir o protoplasma celular. Actualmente considera-se que a acção bactericida do cloro é físico-química.

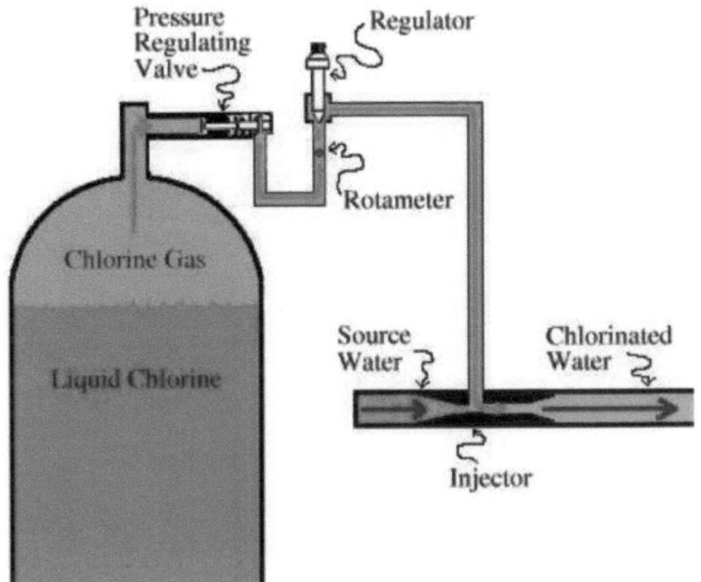

FIG.NO.1 Garrafa de gás cloro

Na etapa **Cloração** a água vem em primeiro lugar das fontes. Do que o gás cloro da válvula reguladora de pressão fornecido através de tubos para as fontes de água de um tanque. Depois de injectar cloro na água das fontes, obtemos água clorada.

No DSCL, os contaminantes na água são removidos por métodos físicos e químicos. Estes métodos são classificados como -

1. Processos unitários físicos
2. Processos unitários químicos

A filtração é uma operação mecânica ou física que é utilizada para a separação de sólidos de fluidos (líquidos ou gases) através da interposição de um meio através do qual só o fluido pode passar. Os sólidos de tamanho excessivo no fluido são retidos, mas a separação não está completa; os sólidos serão contaminados com algum fluido e o filtrado conterá partículas finas (dependendo do tamanho dos poros e da espessura do filtro).

O termo clarificação química é um processo de tratamento composto por três operações distintas.

- Coagulação
- Floculação
- Sedimentação

A etapa de clarificação no processamento da água envolve a coagulação & remoção de sólidos em suspensão. Os sedimentos naturais removerão apenas os sólidos em suspensão relativamente grosseiros. O tempo de assentamento necessário dependerá da gravidade específica, forma e tamanho das partículas e dos coagulantes existentes dentro das bacias de assentamento. Este processo é geralmente acelerado pela coagulação.

FIG .NO.2 Clarifer

COAGULAÇÃO:

O processo pelo qual são adicionados produtos químicos a uma água residual resultando numa redução das forças que tendem a manter as partículas em suspensão separadas. Este processo ocorre fisicamente numa bacia de mistura rápida ou de mistura flash.

Os colóides requerem sempre coagulação para alcançar um tamanho eficaz & taxa de assentamento; mas mesmo as partículas maiores, que não são verdadeiramente coloidais & assentariam se lhes fosse dado tempo suficiente, podem requerer coagulação para formar flocos de assentamento maiores e mais rápidos. Os colóides são categorizados como hidrofóbicos (odiar a água) ou hidrofílicos (amar a água). Os colóides hidrofóbicos não reagem com a água; a maioria das argilas naturais são hidrofóbicas. Os colóides hidrofílicos reagem com a água; os orgânicos que causam a cor são hidrofílicos. Portanto, estes requerem mais coagulante do que hidrofóbico que não reagem quimicamente com o coagulante.

Sistemas	Raio Eficaz (°A)
(a) Sistemas coloidais	
*Corpos de cor	25 - 500
*Colóides inertes	500 - 15000
*Emulsões	1000 - 50000
*Bactérias	25000 - 50000
*Algas	25000 - 4000000
(b) Catiões	0.5 - 1
(c) Politrólise, etc.	A 125000-20, 000, 000

TABELA NO.4 Raio efectivo dos colóides

Assim, os colóides são partículas que não podem assentar naturalmente e para as quais os factores de superfície são mais importantes que determinam a estabilidade da suspensão coloidal. Na realidade, os colóides estão sujeitos a duas forças principais:

(a) Atracção de paredes vander, que está relacionada com a estrutura e forma dos colóides, bem como com o tipo de meio $(E)_a$

(b) A força electrostática repulsiva, que relaciona as cargas de superfície dos colóides $(E)_b$

A estabilidade de uma suspensão coloidal depende do equilíbrio entre
as forças de atração e repulsão, cujo nível de energia é :

$$E = E_a + E_b$$

A fim de desestabilizar a suspensão é necessário ultrapassar a barreira energética. Para o conseguir e assim promover a aglomeração dos colóides, é necessário reduzir as forças repulsivas electrostáticas. Esta desestabilização é provocada pela coagulação.

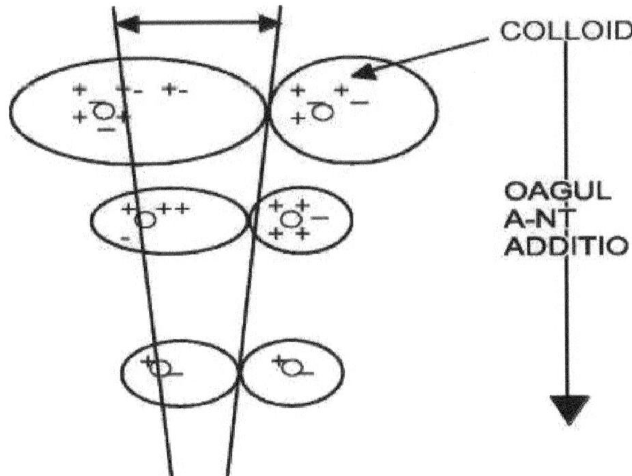

FIG.NO.3 Formação de colóides

FLOCCULAÇÃO

A aglomeração de material em suspensão é para formar partículas que se vão depositar por gravidade. Os floculantes juntam-se às partículas floculadas numa rede, fazendo a ponte de uma superfície para outra e ligando as partículas individuais em grandes aglomerados.

A floculação é promovida por uma mistura lenta, que junta suavemente os flocos, uma velocidade de mistura demasiado elevada rasga-os, e raramente se re-formam ao seu tamanho e força óptimos.A floculação não só aumenta o tamanho das partículas de floculação, como também altera a natureza física da floculação.

Produtos químicos utilizados na clarificação de processos - floculação e sua reacção :

(a) ALUM: Quando se adiciona alúmen à água contendo alcalinidade de Ca & Mg bicarbonato, a reacção que ocorre pode ser ilustrada da seguinte forma :

$$Al_2 (SO_4)_3.18\ H_2O + 3Ca\ (HCO_3)_2 \leftrightarrow 3CaSO_4 + 2Al\ (OH)_3 + 6CO_2 + 18H_2O$$

O insolúvel é um floco gelatinoso que se instala lentamente através da água, varrendo o material em suspensão e produzindo outras alterações.

FIG.NO.4 Dosagem de alumínio

(b) LIME: Quando só a cal é adicionada como precipitante, os princípios de clarificação são explicados pela seguinte reacção:

$$Ca\ (OH)_2 + H_2CO_3 \leftrightarrow CaCo_3 + 2H_2O$$

(c) Sulfato Ferroso e Cal :

$$FeSO_4.7H_2O + Ca(HCO_3)_2 \leftrightarrow Fe\ (HCO_3)_2 + CaSO_4 + 7H_2O$$

Se a cal sob a forma de $Ca(OH)_2$ for agora adicionada, então

$$Fe\ (HCO_3)_2 + Ca\ (OH)_2 \leftrightarrow Fe\ (OH)_2 + 2\ CaCO_3 + 2H_2O$$

(d) Cloreto férrico :

$$Fe\ Cl3 + 3H_2O \leftrightarrow Fe\ (OH)_3 + 3H^+ + 3Cl$$

$$3H^+ + 3HCO_3 \leftrightarrow 3H_2O$$

(e) Cloreto férrico e cal :

$$FeCl_3 + Ca\ (OH)_2 \leftrightarrow 3CaCl_2 + 2Fe\ (OH)_3$$

(f) Sulfato férrico e cal :

$$Fe_2(SO_4)_3 + 3Ca\ (OH)_2 \leftrightarrow 3CaSO_4 + 2Fe(OH)_3$$

Condição Variável	Coagulação	Floculação
Natureza dos sólidos	Numerosas e finas partículas	Espalhados, géis grandes
Tipo de produto químico aplicado	Mol baixo. Wt. Neutralizador de carga	Aglutinante de partículas altamente molecular wt.
Necessidade energética	Requisito Mistura rápida	Agitação lenta
Gradiente de velocidade	Alto	Baixo

TABELA NO.5 Restrições entre coagulação e floculação

Desinfecções:

Desinfecções refere-se à destruição selectiva do organismo causador da doença. Um desinfectante ideal teria de possuir uma vasta gama de características. É também importante que seja seguro de manusear e aplicar e que a sua força se realize através da utilização de -

(a) Agentes químicos

(b) Agentes físicos

(c) Meios mecânicos

(d) Radiações

Processo	Aplicação
Precipitação química	Remoção de fósforo e melhoramento da remoção de sólidos em suspensão em instalações de sedimentação primária utilizadas para tratamento físico-químico.
Desinfecções	Destruição selectiva dos organismos causadores de doenças.
(a) Com Cloro	Destruição selectiva dos organismos causadores de doenças. O cloro é a substância química mais utilizada
(b)Com Cloro Dióxido	Destruição selectiva dos organismos causadores de doenças.
© Com bromo Dióxido	Destruição selectiva dos organismos causadores de doenças.
(d) Com ozono	Destruição selectiva dos organismos causadores de doenças.
(e)Com U.V.	Destruição selectiva dos organismos causadores de doenças.

TABELA NO.6 Agentes químicos

(b) Agentes físicos:

Estes podem ser calor e luz. O aquecimento é comummente utilizado na indústria de agendas e bebidas.

A luz solar é também um bom desinfectante; particularmente as radiações U.V. podem ser usadas.

(c) Meios mecânicos:

As bactérias e outros organismos são também removidos por meios mecânicos durante o tratamento da água.

(d) Radiações

Os principais tipos de radiações são EM, acústicas, de partículas. Devido ao seu poder de penetração, os raios gama têm sido utilizados para desinfectar tanto a água como as águas residuais.

Sedimentação

A separação de sólidos em suspensão da água por assentamento gravitacional de partículas mais pesadas do que a água. É uma das operações unitárias mais amplamente utilizadas nos tratamentos de águas residuais. O termo sedimentação e assentamento são utilizados intermudáveis. Uma bacia de sedimentação também pode ser referida como tanque de sedimentação, bacia de decantação ou tanque de decantação (clarificador). A sedimentação é utilizada para a remoção de grãos, remoção de partículas na bacia de pré-sedimentação, remoção de flocos biológicos na bacia de sedimentação de lamas activadas e remoção de flocos químicos quando se utiliza o processo de coagulação química.

Filtração

A água que sai do tanque de sedimentação ainda contém partículas de flocos. A turbidez da água sedimentada situa-se geralmente no intervalo de 1 a 10 NTU com um valor típico de 3 NTU. Para reduzir esta turbidez a 0,3 NTU, é normalmente utilizado um processo de filtração. A filtração da água é um processo para separar as impurezas em suspensão ou coloidais da água através da passagem por um meio poroso, normalmente um leito de areia ou outro meio. A água preenche os poros entre as partículas de areia e as impurezas.

FIG.NO.5 Filtros verticais

CLASSIFICAÇÃO & EQUIPAMENTOS DE FILTRAÇÃO

Há vários métodos de classificação de filtros.

Uma maneira é classificá-los de acordo com o tipo de meio utilizado, como areia, carvão (chamado antracite), meio duplo (carvão mais areia), ou meio misto (carvão, areia e granito). Outra forma comum de classificar os filtros é através da taxa de carga admissível. Com base na taxa de carga, os filtros são descritos como filtros de areia lentos, ou filtros de areia de alta taxa/filtros de pressão.

1.   Filtros lentos e de areia

Estas foram introduzidas pela primeira vez nos anos 1800. A água é aplicada na areia a uma taxa de carga de (2,9 a 7,6 M3/d.m. quadrados). Como o material em suspensão ou coloidal é aplicado à areia, as partículas começam a recolher-se no topo 75mm e a entupir os espaços porosos. À medida que os poros ficam obstruídos, a água deixará de passar através da areia. Nesta altura, a camada superior de areia é raspada, limpa e substituída. Lentos e filtros requerem uma grande área de terra e são de utilização intensiva.

Estes filtros consistem num tanque estanque à água de 2,5 - 3,5m de profundidade, com um leito de areia de 0,6 - 0,9m de espessura, apoiado num leito de cascalho de 0,3 - 0,45m de espessura colocado em 5-6 camadas, abaixo do qual o sistema de drenagem por baixo é colocado sobre um leito de betão inclinado em direcção ao dreno longitudinal central. As características do filtro de areia lento são o ritmo lento de filtração e o método de limpeza dos leitos por raspagem da camada superficial de areia. As partes essenciais de um filtro de areia lento são a camada de água, o leito de areia, cascalho de apoio, sob o sistema de drenagem. A taxa de fluxo através de um filtro em qualquer momento é directamente proporcional à força motriz inversamente proporcional à resistência do meio filtrante e dos sólidos nele retidos.

Q = Força motriz / Resistência dos meios de comunicação

Onde Q = Taxa de fluxo

2.   Filtros rápidos de areia e de gravidade:

As baixas taxas de filtração podem não garantir sempre uma água de boa qualidade. Com o pré-tratamento e desenho adequados, verificou-se que há pouca diferença na qualidade da água filtrada operada a taxas entre 0,08 - 0,24 m cubo/m quadrado/min.

A grande maioria das actuais estações de tratamento de água potável utiliza os filtros de areia rápidos por gravidade.

O filtro de areia convencional por gravidade é normalmente um único meio, de fluxo descendente, filtro fino a grosso, a areia é um meio filtrante comum, mas também é utilizado carvão antracite triturado. Excepto para pequenas necessidades de água, os filtros gravitacionais são normalmente instalados em baterias de dois ou mais filtros.

Um filtro de areia de raid consiste num tanque aberto à prova de água com 3 - 3,5m de profundidade, com uma camada de areia grosseira de 0,6 - 0,7m de espessura colocada na parte superior, com uma camada de cascalho graduado de 0,45m de espessura suportando abaixo. As camadas graduadas de cascalho graduado fornecem um suporte adequado para a areia e actuam como um meio de dispersão para reduzir a acção do jacto para a retrolavagem. O tamanho e a profundidade do cascalho dependem do tipo de sistema de sub-drenagem utilizado.

A taxa padrão de filtração através de filtro de areia rápida é de 80-100 lpm/msquadrado com grande cuidado no condicionamento da água antes da filtração e com a utilização de areia grossa é possível obter taxas mais elevadas na gama de 200-250 lpm/msquadrado. A função mais importante do filtro sob drenagem é fornecer uma distribuição uniforme da água de retro-lavagem.

Quando a queda de pressão ou o caudal atinge um nível inaceitável devido aos sólidos acumulados, o filtro é limpo por retrolavagem com água. O caudal de água tem de ser suficiente para expandir ou fluidificar o meio filtrante. A acção de tosquia da água remove então as partículas depositadas do leito.

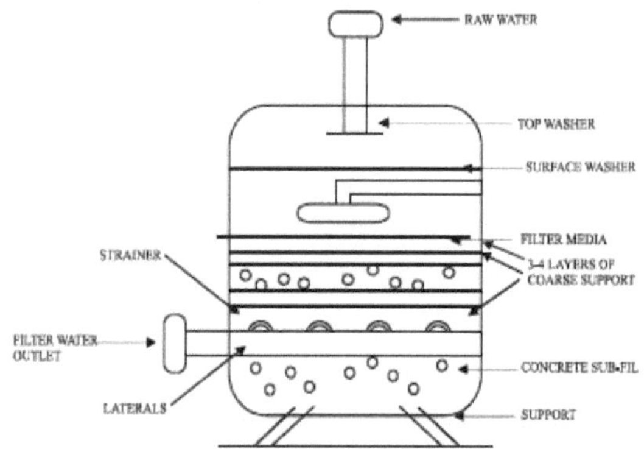

FIG.NO.6 Filtros de pressão (VERTICALS CYLINDRICAL DESIGN)

3. Filtros multimédia:

Nos filtros multimédia, duas ou mais camadas de material granular diferente estão presentes na cama. Por exemplo, o filtro típico de meios duplos consiste em 0,5m de carvão antracite de 1mm acima de 0,3 de areia siliciosa de 0,5mm.

A camada superior grosseira de carvão reduz a concentração de partículas que atingem a areia. Os filtros de meios duplos operam normalmente a taxas de fluxo de 2,7 - 5,4 l/m seg. (4-8 gpm. Ft. quadrado).Durante a retrolavagem, a maior parte do carvão permanece no topo da areia porque a gravidade específica do carvão (1,5 gm/cc) é inferior à da areia (2,65 gm/cc). Três camadas de meios de comunicação são também utilizadas com granada fina (4,1 gm/cc) como camada inferior sob o carvão e a areia. Uma vez que os materiais são removidos e armazenados ao longo de um leito multimédia, podem reter mais sólidos e dar mais tempo do que a areia devido à sua elevada capacidade e à boa qualidade dos efluentes, os filtros multimédia estão a ser amplamente utilizados em novas plantas.

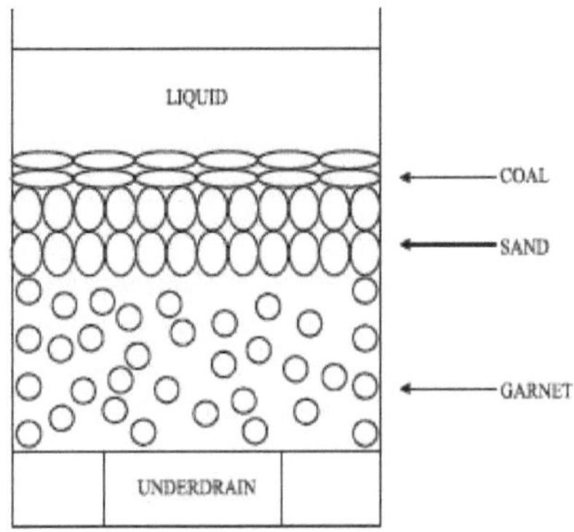

FIG.NO.7 Filtros multimédia

4. Filtros de pré-camada :

A terra de diatomáceas é composta pelos restos de diatomáceas microscópicas e dá um meio poroso com um volume de cerca de 0,32 gm/cc. A perlite é uma rocha siliciosa, que forma uma estrutura porosa com um volume quando aquecida.

O septo para o filtro é uma tela metálica fina, uma cerâmica porosa ou um tecido. O ciclo de filtração envolve a aplicação de uma camada de Precoat ao septo, a filtração da suspensão e a remoção do bolo de filtração. Durante a fase de filtração, os sólidos em suspensão são removidos da água através da camada de pré-camada.

5. Filtros de Vácuo :

Um filtro de vácuo consiste num tambor horizontal coberto com um meio filtrante. O tambor é rodado num tanque contendo a suspensão, com cerca de $1/4^{th}$ da superfície do tambor submersa. À medida que o tambor gira, este meio fornece um filtro contínuo que passa pela seguinte sequência:

1. Formação de bolos

2. Extracção / Secagem de líquidos

3. Remoção de bolo de filtro

4. Lavagem de meios

Os filtros a vácuo são capazes de remover sólidos em suspensão do lodo a taxas de 15 - 75 kg de sólidos secos/hora/m2 de superfície filtrante (3 - 15 Ib/ft quadrado.hr).

A principal utilização de filtros de vácuo é para desaguamento de várias formas de lamas de águas residuais. O desempenho é muitas vezes melhorado através da aplicação de uma camada prévia de terra de diatomáceas à superfície do filtro ou pela adição de adjuvantes filtrantes à suspensão antes da filtração.

Adsorção :

A adsorção refere-se à capacidade de certos materiais reterem moléculas (gás, iões metálicos, moléculas orgânicas, etc.) na sua superfície de uma forma mais ou menos inversa. Há uma transferência de massa da fase líquida ou gasosa para a superfície do sólido. O sólido adquire assim propriedades superficiais (hidrofóbicas ou hidrofílicas) susceptíveis de modificar) o estado de equilíbrio do meio (difusão, floculação).

A capacidade de adsorção do sólido depende :

Na área de superfície desenvolvida ou área de superfície específica do material.

Sobre a natureza do adsorbato - ligação adsorvente, por outras palavras, sobre a energia livre de interacção & entre os sites de adsorção & aquela parte do

molécula que está em contacto com a superfície. Sobre o tempo de contacto entre o sólido e o soluto.

PRINCIPAIS ADSORVENTES :

(a) Carbono activado

A experiência mostra que o carvão activado tem um amplo espectro de actividade adsorvente como :

A maioria das moléculas orgânicas são retidas na sua superfície.

As mais difíceis de reter são as moléculas, que são as mais polares & as lineares com um peso molecular muito baixo (álcoois simples, ácidos orgânicos primários, etc.). As moléculas que são ligeiramente polares, gerando sabor, cheiro e moléculas com um peso molecular relativamente elevado são, por várias razões, absorvidas pelo carbono. Para além destas, propriedades absorventes, o carbono activado é também um suporte bacteriano capaz de quebrar uma fracção da fase adsorvida. Assim, uma parte do suporte está continuamente a ser regenerado & capaz de libertar locais, permitindo que novas moléculas sejam retidas.

PRINCIPAIS APLICAÇÕES:

O carvão activado é utilizado:

No tratamento de polimento de água potável ou água de processo industrial muito pura. Neste caso, o carvão activado reterá o composto orgânico dissolvido não decomposto por meios biológicos naturais (auto-purificação de formas de água) micro poluentes, substâncias que determinam o sabor da água. Irá também absorver vestígios de certos metais pesados.

No tratamento de águas residuais industriais, quando o efluente não é biodegradável ou quando contém certos elementos tóxicos orgânicos que excluem a utilização de técnicas biológicas. Neste caso, a utilização de carvão activado permite frequentemente a retenção selectiva de elementos tóxicos e o líquido resultante pode assim ser degradado por meios biológicos normais.

No tratamento "terciário" de águas residuais municipais e industriais. O carbono retém os compostos orgânicos dissolvidos, que resistiram a uma grande parte da COD residual.

PRINCIPAIS UTILIZAÇÕES DO CARVÃO ACTIVADO

O carbono activado está disponível em 2 formas:

(1) Carvão Activado Motorizado (PAC):

O CAP toma a forma de grãos entre 10 e 50 mew m e a sua utilização é geralmente combinada com um tratamento de clarificação. Se for adicionado continuamente à água juntamente com reagentes floculantes, entra na floc & é depois extraído da água com ela.

Vantagens:

- É cerca de 2-3 vezes menos caro do que o GAC.

- Quantidades extra de pó podem ser utilizadas para lidar com picos de poluição.

- Os custos de investimento são baixos quando o tratamento envolve apenas uma fase de assentamento da floculação.

- A adsorção é rápida, uma vez que a grande superfície do pó é directamente acessível.

- O carvão activado promove a colonização ao tornar o flocos mais pesado. Desvantagens

- O carvão activado não pode ser regenerado quando misturado com lama de hidróxido e deve então ser considerado como dispensável.

- É difícil remover as árvores finais de impurezas com a adição de uma quantidade excessiva de carbono activado.

- A fim de utilizar o carbono durante os picos de poluição, é indispensável que os picos de poluição sejam identificados de antemão.

Por conseguinte, o carvão activado em pó é principalmente utilizado quando são necessárias quantidades intermitentes ou pequenas.

Funções de um leito de carbono:

Uma cama compacta tem 4 funções:

- Filtração: Isto deve muitas vezes ser reduzido ao mínimo para evitar o entupimento da cama, o que é inevitável sem sistemas de lavagem eficientes para quebrar completamente as camadas após cada ciclo.

- Meios Biológicos: Este fenómeno pode contribuir para o processo de purificação, mas também pode ser muito perigoso se não for devidamente controlado (fermentação, emissão de odores, entupimento da cama, etc.)

Acção Catalítica

Adsorção: Este deve continuar a ser o papel de base do carbono.

Estes são três arranjos possíveis -

- Camas fixas simples: Esta técnica é amplamente utilizada no tratamento de água potável.

- Camas fixas em série: É utilizada uma série de várias colunas que são regeneradas por permutação. Assim, é organizado um sistema de extracção por contra-corrente.

- Camas em movimento: Estas fazem uso do princípio da contra-corrente. A base do leito pode ser fluidificada.

FIG.NO.8 Filtros de carvão activado

Para conceber uma estação de tratamento de água, é necessária uma análise física e química. De acordo com a utilização final destinada à água potável, devem ser efectuados diferentes testes.

Processo:

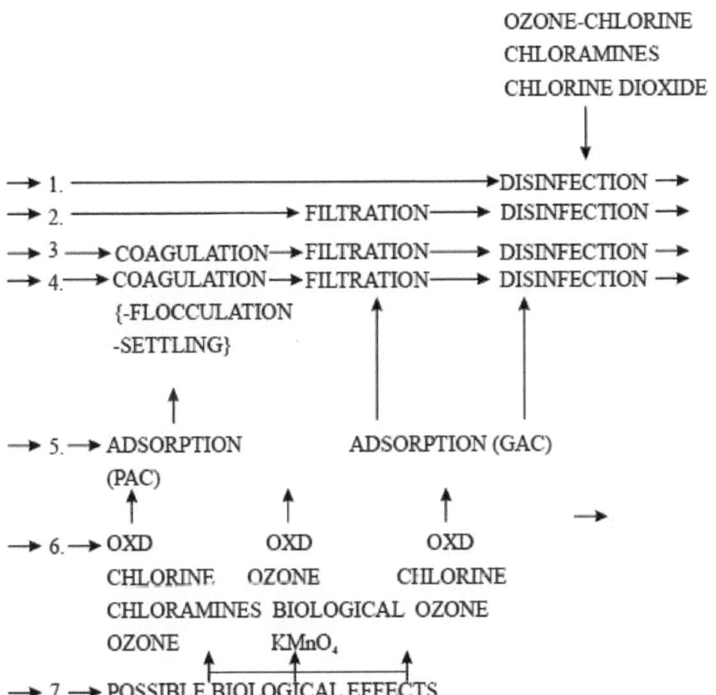

OZONE-CHLORINE
CHLORAMINES
CHLORINE DIOXIDE
1. DISINFECTION
2. FILTRATION DISINFECTION
3 COAGULATION FILTRATION DISINFECTION
4. COAGULATION FILTRATION DISINFECTION
{-FLOCCULATION
-SETTLING}
5. ADSORPTION
(PAC)
ADSORPTION (GAC)
6. OXD
CHLORINE
CHLORAMINES
OZONE
OXD
OZONE
BIOLOGICAL
KMnO4
OXD
CHLORINE
OZONE
7. POSSIBLE BIOLOGICAL EFFECTS

Processo :
Clarificação : 2 ou 3 ou 4, Polimento : 5 a 6.

1. Água bruta não poluída

2. Tratar a água sem poluentes, excepto os sólidos em suspensão.

3. Quando a água contém uma pequena quantidade de colóides, ou tem uma cor mais pronunciada, a coagulação em linha resolverá o problema.

4. Se a quantidade de coagulante necessária para remover os colóides ou reduzir a cor for demasiado elevada, a floculação formada será grande e entupirá rapidamente o filtro criando a necessidade de lavagem frequente. É, portanto, essencial fornecer uma fase de separação de flocos que utilize técnicas de flotação antes da filtração. A floculação formada após a adição de coagulante clarifica a água. Estes poluentes das flocos devem ser adsorvidos na sua superfície. Contudo, se a concentração de matéria orgânica poluente for demasiado elevada, poderá ser necessário incluir tratamentos adicionais, tais como oxidação (linha 6) ou adsorção (linha 5), que são utilizados em conjunto com um ou outro processo de clarificação. Alguns dos tratamentos acima referidos têm um efeito biológico (linha 7). Sempre que um processo de tratamento envolve uma interface sólida - líquida, esta última encoraja o desenvolvimento de também tem qualidades adsorventes permitindo um número de microrganismos dissolvidos, que podem ter um efeito +ve sobre a água tratada. Isto aplica-se às fases de filtragem (areia/GAC) e, em menor grau, ao leito de lodo utilizado nos tanques de decantação. Para governar a qualidade da água potável, W.H.O., a Comunidade Económica Europeia e a França adoptaram valores diferentes.

Recomendação da W.H.O.

Os parâmetros agrupados W.H.O. em 5 categorias -

• Qualidade microbiológica

• Compostos inorgânicos com consequências para a saúde
• Compostos orgânicos com consequências para a saúde
• Aparência
• Componentes radioactivos

CONSTITUIENTES	PERMISSÍVEL LIMIT	EXCESSIVO LIMIT	MÁXIMO LIMIT	NORMAL LIMIT
Cálcio	75	200	-	55-70
Chloride	200	600	-	15-40
Ferro de engomar	0.1	1.0	-	<0.1
Mg	50	150	-	30-40
Petróleo	0.01	0.3	-	ND
Gama de Ph	7.-7.5	6.5-8.2	-	7.0-8.5
Sulfato	200	400	-	20-28
Material em suspensão	5.0	25	-	<1.0
Sólidos Totais	500	1500	-	150-250

TABELA NO.8 Padrões de Água Potável W.H.O.

Nota: A especificação acima é retirada do livro "the Nalco water handbook" (segunda edição) De acordo com a FDA dos EUA, a TDS deve estar entre 250-500 mg/lt, que é a melhor proporção para evitar doenças intracelulares e cardíacas.

CONSTITUIENTES	LIMITE RECOMENDADO mg/lt.	LIMITE FANDATÓRIO FEDERAL mg/lt.
Chloride	250	-
Cianeto	0.01	-
TDS	500	-
Mercúrio	-	0.002
Turbidez	-	1 NTU = Média mensal
Radioactividade (natural)	-	Alfa Bruto = 15 pCi/L

TABELA NO.9 Normas de Água Potável dos EUA

DESMINERALIZAÇÃO

A desmineralização da água é a remoção dos catiões e ânions das substâncias dissolvidas na água. Os seguintes métodos são geralmente utilizados para a remoção completa de alts solúveis da água...

- Destilação

- Osmose inversa

- Troca de iões

Hoje em dia, são utilizadas resinas de troca catiónica e aniónica. Este é um processo de troca iónica em duas etapas. A desionização da água por troca iónica envolve a utilização de ambos os catiões e resinas de aniões, quer numa única coluna ou numa sequência de colunas.

Processo de troca de iões

Os permutadores de iões são substâncias granulares insolúveis, que têm, na sua estrutura molecular, radicais ácidos ou básicos que podem trocar, sem qualquer modificação aparente na sua aparência física. Os iões positivos ou negativos do mesmo sinal em solução no líquido em contacto com eles, fixados sobre estes radicais. As substâncias de permuta iónica utilizadas eram terras naturais (zeólitos) e compostos orgânicos. Estes últimos materiais são hoje em dia utilizados quase exclusivamente sob o nome de resinas. Existem duas categorias de resinas.

(1) Obtém (2) Macro poroso

- As resinas do tipo gel têm uma porosidade natural que resulta do processo de polimerização e é uma estrutura do tipo macro poroso.

- As resinas do tipo macro poroso têm uma porosidade artificial adicional, que é obtida através da adição de substância concebida para este fim. Assim, é criada na matriz uma rede de grandes canais conhecidos como poros de macro. Estes produtos têm uma melhor capacidade de adsorção e dessorção de substâncias orgânicas.

São utilizados dois tipos de intercâmbios

1. Trocas catiónicas - R-H formam ácido

2. Permutadores de aniões - base de formulário R-OH

A Unidade de Intercâmbio Catiónico :

Durante a passagem de água, para baixo através da coluna, cálcio, Mg, Na e outros cátions presentes na água são trocados por iões de hidrogénio cedidos pelo material. Os ácidos equivalentes são assim produzidos. Quando o material na unidade de catiões desistiu de todos os seus iões de hidrogénio permutáveis, deve ser regenerado com HCl. A acção de troca inversa tem então lugar. Os iões de hidrogénio do regenerado são tomados e os indesejáveis iões Ca, Mg, Na e outros iões são expelidos.

A unidade está então pronta para outro tratamento.

Para um permutador de catiões feito de resinas, a reacção é a seguinte :

$$Na_2 R + Ca^{++} \rightarrow Ca R + 2Na^+$$

$$Na_2 R + Mg^{++} \rightarrow Mg R + 2Na^+$$

$$Na_2 R + Fe^{++} \rightarrow Fe R + 2Na^+$$

Onde, R - Resinas.

É evidente a partir destas reacções que enquanto a dureza da água tratada cair, não haverá alteração do pH da água. Muitas vezes a dureza após o tratamento cai para 10-15 mg equiv/kg.

A Unidade de Troca de Aniões :

A Unidade Aniónica é semelhante em construção à Unidade Catiónica mas contém a coluna de material de troca de aniões. O material absorve o ácido da água do Catião, incluindo sílica e dióxido de carbono residual, produzindo água DM substancialmente livre de sólidos dissolvidos. Quando a capacidade de troca do material de troca do anião se esgota, este é regenerado de forma semelhante à unidade catiónica, excepto que é utilizada uma solução de NaOH em vez de ácido.

Os permutadores de fluoreto são um tipo especial de permutador de aniões, que contém fosfato tricálcico processado. Estes são regenerados por soluções diluídas de NaOH & $H_2 SO_4$

Existem geralmente polímeros orgânicos com grupo amina ou amónio quaternário.

$$F - R + CL^- \rightarrow Cl R + F$$

Unidade de cama mista :

Durante a passagem da água tratada com ânion através da coluna de troca iónica de leito misto, esta entra repetidamente em contacto com os materiais catiónicos e aniónicos, sendo assim sujeita a um grande número de fases de tratamento. Isto resulta na produção de água desmineralizada de pureza muito elevada.

Regeneração :

No caso de processos de amaciamento e desmineralização, o fim do ciclo é atingido quando a curva de exaustão corresponde a :

Inicial
Concentração do Ião A
Em Água Bruta
Inicial
Concentração do Ião B
Em Água Bruta

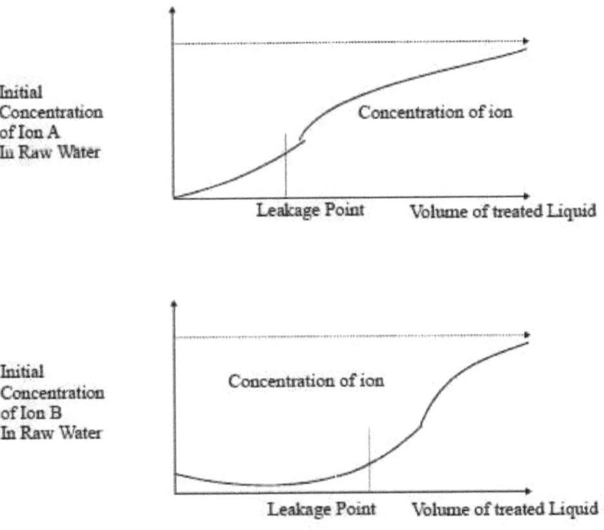

FIG.NO. 9 Curvas de exaustão

Pode-se então presumir, pelo menos no que diz respeito às camadas superiores, que o permutador de iões está saturado com iões e está em equilíbrio com a concentração de iões na solução de entrada.

A regeneração é efectuada fazendo fluir uma solução concentrada de iões (como HCl & H_2SO_4 para a resina catiónica e NaOH para as resinas aniónicas) através do permutador na mesma direcção que a exaustão (regeneração em co-corrente) ou na direcção oposta (regeneração em contracorrente)

REGENERAÇÃO DA CO-CORRENTE

Na operação, as soluções concentradas de iões 'A' são inicialmente colocadas em contacto com as camadas do permutador de iões saturadas com iões 'B' que são expelidas das resinas, sendo então os iões B transportados para as camadas dos permutadores de iões que se encontram num nível inferior de exaustão e onde as condições são favoráveis à sua captura, durante a primeira fase da regeneração são portanto principalmente os iões 'A' que são eluídos da coluna.

Finalmente, se a quantidade de solução regeneradora for limitada, os iões B não serão completamente eluídos do permutador de iões e as camadas inferiores com não são totalmente regeneradas.

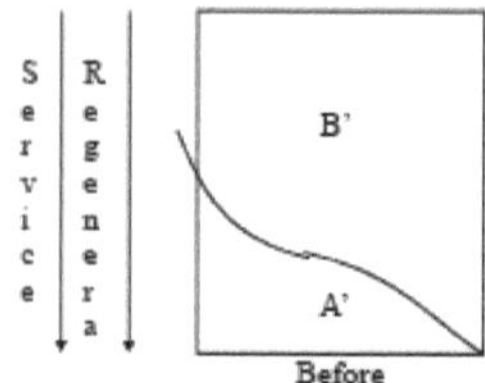

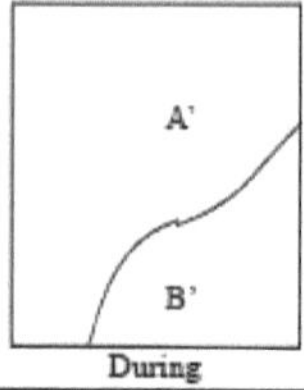

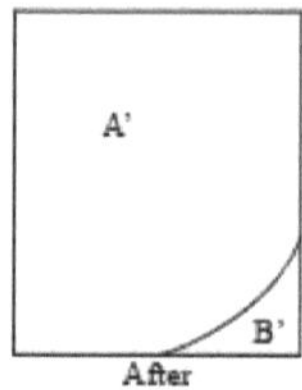

FIG.NO. 10 Regeneração Co-Corrente

REGENERAÇÃO DA CONTRA-CORRENTE

Nesta regeneração, os reagentes são feitos para fluir para cima a partir da base. Neste caso, a concentração de iões "A" encontra em primeiro lugar as camadas de resina com uma baixa concentração de iões "B", cuja eluição ocorre portanto em condições favoráveis, os iões B não podem ser recapturados nas camadas superiores esgotadas.

Serviço

FIG.NO. 11 Regeneração da Contra-Corrente

Duas vantagens importantes do princípio da regeneração da contra-corrente são

Maior eficiência e consequentemente menor necessidade de reagentes, dada a igual quantidade.

Melhor qualidade da água tratada.

As camadas inferiores são regeneradas com um grande excesso de reagente.

Para a unidade de troca, a regeneração é realizada em três fases -

1. Retrolavagem : A necessidade de ser lavada e regenerada com um fluxo de água acima. Esta é uma parte importante da operação, uma vez que evita a acumulação de matéria em suspensão com na cama.

2. Injecção : Uma quantidade pré-determinada do ácido químico regenerativo para a unidade de troca catiónica (IH) & álcali para a unidade de troca aniónica (DA) é introduzida na resina num determinado tempo.

3. Lavagem : A resina de permuta iónica é enxaguada com H2O para enxaguar os sais formados durante a regeneração & também para enxaguar qualquer produto químico de regeneração em excesso. A água bruta é utilizada para a unidade de troca catiónica, mas para

a unidade de troca aniónica (DA), a água de entrada deve provir da unidade de troca catiónica regenerada (HI), a água tratada é verificada quanto à pureza, se for considerada satisfatória, é levada para serviço.

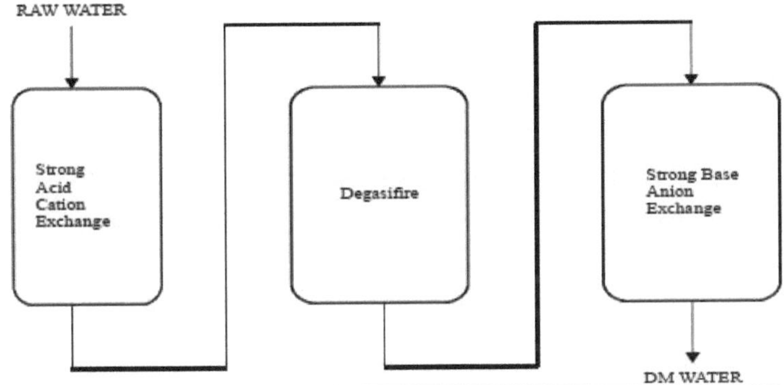

FIG.NO. 12 Desmineralizador com Desgasificador Intermediário

OSMOSE INVERSA :

A osmose é um processo reversível. Se for exercida uma pressão externa superior à pressão osmótica sobre a solução concentrada, o fluxo de água através da membrana semi-permeável é invertido. Isto provoca um aumento do volume da água doce, porque os sais dissolvidos na solução concentrada não passam através da membrana, esta solução torna-se mais concentrada. Assim, isto conhece uma osmose inversa.

FIG. NÃO. 13 Osmose inversa

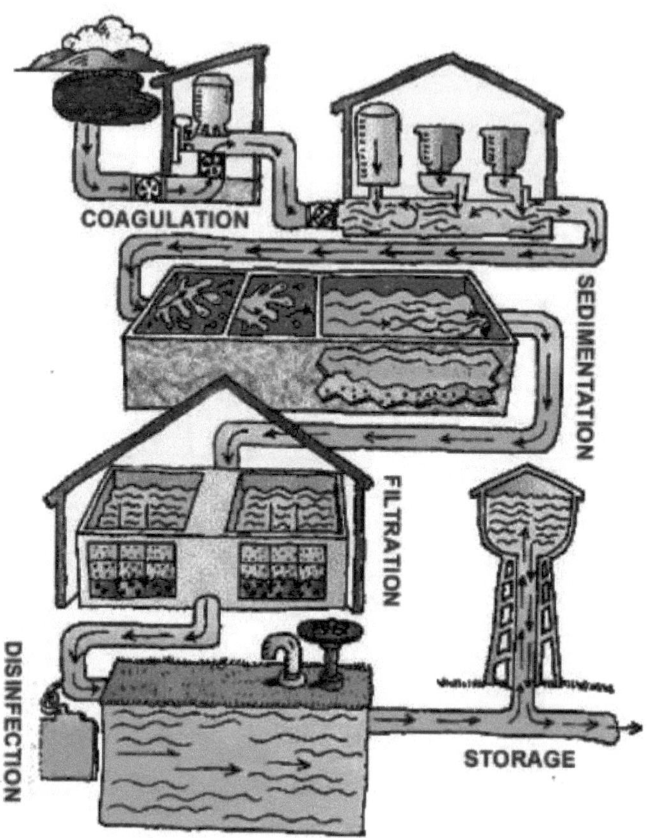

FIG.NO.14 Processo de tratamento de água

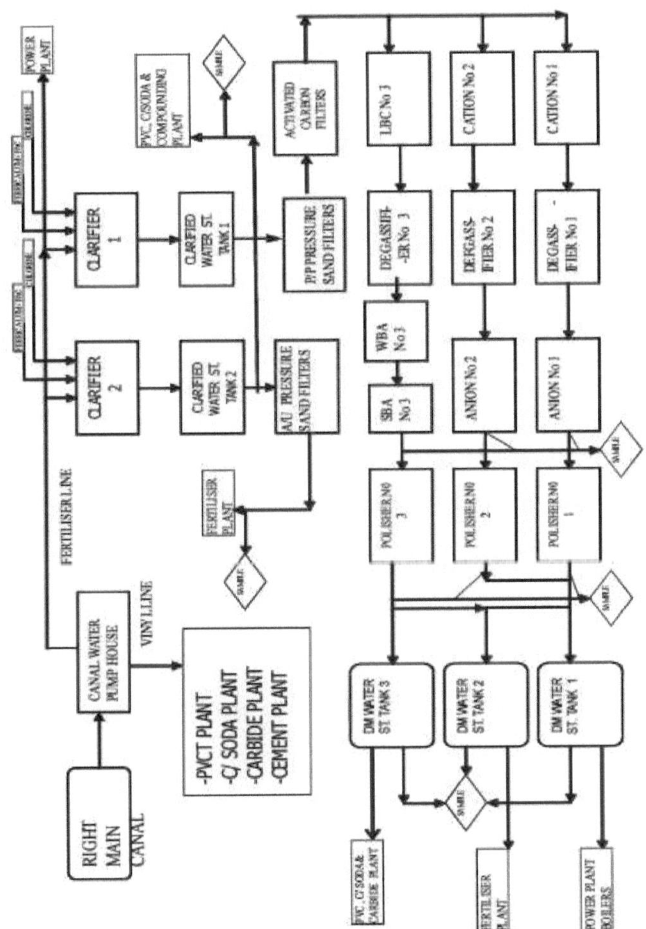

DIAGRAMA DE FLUXO DM PLANTA

No departamento ambiental e de segurança, as técnicas de monitorização de efluentes incluem o seguinte:

ph,

A água pura é neutra, e pode ser considerada ou um ácido muito fraco ou uma base muito fraca (centro na escala de pH), dando-lhe um pH de 7, ou 0,0000001 M H^+ . Para que uma solução aquosa tenha um pH mais elevado, uma base deve ser dissolvida nela, o que liga muitos destes raros iões de hidrogénio. Os iões de hidrogénio na água podem ser escritos simplesmente como H^+ ou como hydronium ($H O_3^+$) ou espécies superiores (por exemplo, $H O_{94}^+$) para contabilizar a solvatação, mas todos descrevem a mesma entidade. No entanto, o pH não é precisamente p[H], mas tem em conta um factor de actividade. Isto representa a tendência dos iões de hidrogénio para interagir com outros componentes da solução, o que afecta entre outras coisas o potencial eléctrico lido utilizando um medidor de pH. Como resultado, o pH pode ser afectado pela força iónica de uma solução -

SÓLIDOS TOTALMENTE DISSOLVIDOS

Sólidos Dissolvidos Totais (TDS frequentemente abreviado) é uma medida do conteúdo combinado de todas as substâncias inorgânicas e orgânicas contidas num líquido na forma molecular, ionizada ou microgranulada (sol coloidal) em suspensão. Geralmente a definição operacional é que os sólidos devem ser suficientemente pequenos para sobreviverem à filtração através de uma peneira do tamanho de dois micrómetros. Os sólidos dissolvidos totais são normalmente discutidos apenas para sistemas de água doce, uma vez que a salinidade compreende alguns dos iões que constituem a definição de TDS.

A principal aplicação do TDS é no estudo da qualidade da água para riachos, rios e lagos, embora o TDS não seja geralmente considerado um poluente primário (por exemplo, não é considerado associado a efeitos na saúde), é utilizado como indicação das características estéticas da água potável e como indicador agregado da presença de uma vasta gama de contaminantes químicos.

As fontes primárias de TDS nas águas receptoras são os esgotos agrícolas e residenciais, a lixiviação da contaminação do solo e as descargas pontuais de poluição da água de estações de tratamento industriais ou de esgotos. Os constituintes químicos mais comuns são cálcio, fosfatos, nitratos, sódio, potássio e cloreto, que se encontram no escoamento de nutrientes, escoamento geral de águas pluviais e escoamento de climas nevados, onde são aplicados sais de descongelação de estradas. Os produtos químicos podem ser catiões, ânions, moléculas ou aglomerações da ordem de mil ou menos moléculas, desde que se forme uma microgrânula solúvel.

Os elementos mais exóticos e nocivos do TDS são os pesticidas resultantes do escoamento de superfície. Certos sólidos dissolvidos totais que ocorrem naturalmente resultam da meteorização e da dissolução de rochas e solos. Os Estados Unidos estabeleceram um padrão secundário de qualidade da água de 500 mg/l para garantir a palatabilidade da água potável. Os sólidos totais dissolvidos são diferenciados dos sólidos totais em suspensão (SST), na medida em que estes últimos não podem passar por uma peneira de dois micrómetros e, no entanto, estão indefinidamente suspensos em solução. O termo "sólidos capazes de assentar" refere-se a material de qualquer tamanho que não permanecerá suspenso ou dissolvido num tanque de retenção não sujeito a movimento, e exclui tanto o TDS como o TSS. Os sólidos capazes de se assentar podem incluir partículas maiores ou moléculas insolúveis.

Medição de TDS

Os três principais métodos de medição de sólidos totais dissolvidos são a gravimetria e a condutividade. Os métodos gravimétricos são os mais precisos e envolvem a evaporação do solvente líquido para deixar um resíduo que pode ser posteriormente pesado com um balanço analítico de precisão (normalmente capaz de uma precisão de 0,0001 gramas). Este método é geralmente o melhor, embora seja demorado e conduza a imprecisões se uma elevada proporção do TDS consistir em produtos químicos orgânicos de baixo ponto de ebulição, que se evaporarão juntamente com a água. Se os sais inorgânicos constituírem a grande maioria do TDS, os métodos gravimétricos são apropriados.

A condutividade eléctrica da água está directamente relacionada com a concentração de sólidos ionizados dissolvidos na água. Os iões dos sólidos dissolvidos na água criam a capacidade dessa água de conduzir uma corrente eléctrica, que pode ser medida utilizando um medidor de condutividade convencional ou um medidor TDS. Quando correlacionado com medições de TDS de laboratório, a condutividade fornece um valor aproximado para a concentração de TDS, geralmente com uma precisão de dez por cento.

Uma amostra bem misturada é filtrada através de um filtro padrão de fibra de vidro e o filtrado é evaporado até à secura numa cápsula pesada e seco até peso constante a 105 C. O aumento do peso da cápsula representa o total de sólidos dissolvidos.

Simulação hidrológica.

Os modelos de transporte hidrológico são utilizados para analisar matematicamente o movimento do TDS dentro dos sistemas fluviais. Os modelos mais comuns abordam o escoamento superficial, permitindo variações no tipo de uso do solo, topografia, tipo de solo, cobertura vegetativa, precipitação, e prática de gestão do solo (por exemplo, a taxa de aplicação de um fertilizante). Os modelos de escoamento têm evoluído para um bom grau de precisão e permitem a avaliação de práticas alternativas de gestão do solo sobre os impactos na qualidade da água dos cursos de água.

Os modelos de bacia são utilizados para avaliar de forma mais abrangente os sólidos totais dissolvidos dentro de uma bacia de captação e dinamicamente ao longo de vários cursos de água. O modelo DSSAM foi desenvolvido pela Agência de Protecção Ambiental dos EUA. Este modelo de transporte hidrológico baseia-se na realidade na métrica de carga poluente denominada "Carga Diária Máxima Total" (TMDL), que aborda o TDS e outros poluentes químicos específicos. O sucesso deste modelo contribuiu para o empenho alargado da Agência de Protecção Ambiental no uso do protocolo subjacente ao TDML na sua política nacional de gestão de muitos sistemas fluviais nos Estados Unidos.

Níveis elevados de TDS geralmente indicam água dura, o que pode causar acumulação de incrustações em tubos, válvulas e filtros, reduzindo o desempenho e aumentando os custos de manutenção do sistema. Estes efeitos podem ser observados em aquários, spas, piscinas, e sistemas de tratamento de água por osmose inversa. Tipicamente, nestas aplicações, os sólidos dissolvidos totais são testados frequentemente, e as membranas de filtração são verificadas a fim de prevenir efeitos adversos. No caso da hidroponia e aquacultura, o TDS é frequentemente monitorizado a fim de criar um ambiente de qualidade da água favorável à produtividade do organismo. Para ostras de água doce, trutas e outros frutos do mar de alto valor, a maior produtividade e retornos económicos são alcançados através da imitação dos níveis de TDS e pH do ambiente nativo de cada espécie. Para usos hidropónicos, os sólidos dissolvidos totais são considerados um dos melhores índices de disponibilidade de nutrientes para as plantas aquáticas em crescimento. Como o limiar de critérios estéticos aceitáveis para a água potável humana é de 100 mg/l, não há uma preocupação geral com o odor, sabor e cor a um nível muito mais baixo do que o necessário para os danos.

SÓLIDOS TOTAIS EM SUSPENSÃO

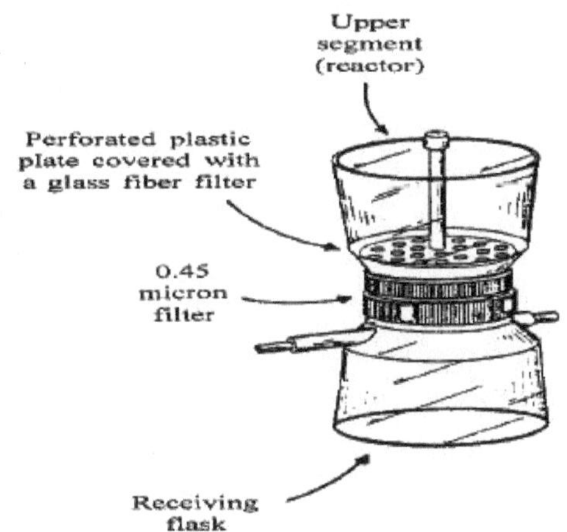

A água pode ser classificada pela quantidade de TDS por litro:
Água doce < 1500 mg/L TDS
Água salina TDS 1500 a 5000 mg/L > 5000 mg/L TDS O total de sólidos em suspensão é uma medição da qualidade da água normalmente abreviada TSS. Está listada como um poluente convencional no U.S. Clean Water Act. Este parâmetro foi em tempos chamado

FIG.NO15 TSS aparelho

resíduo não filtrável (NFR), um termo que se refere à medição idêntica: o peso seco das partículas aprisionadas por um filtro, tipicamente de um tamanho de poro especificado.

Contudo, o termo "não filtrável" sofria de uma condição de utilização estranha (para a ciência): em alguns círculos (Oceanografia, por exemplo) "filtrável" significava o material retido num filtro, pelo que não filtrável seria a água e as partículas que passavam através do filtro. Noutras disciplinas (Química e Microbiologia, por exemplo) e definições de dicionário, "filtrável" significa exactamente o oposto: o material passado por um filtro, geralmente chamado "Sólidos dissolvidos totais" ou TDS.

O SST de uma amostra de água é determinado despejando um volume de água cuidadosamente medido (normalmente um litro; mas menos se a densidade das partículas for alta, ou até dois ou três litros para água muito limpa) através de um filtro pré-pesado de um tamanho de poro especificado, pesando depois o filtro novamente após a secagem para remover toda a água. O ganho de peso é uma medida de peso seco das partículas presentes na amostra de água expressa em unidades derivadas ou calculadas a partir do volume de água filtrada (tipicamente miligramas por litro ou mg/l). Reconhecer que se a água contém uma quantidade apreciável de substâncias dissolvidas (como certamente seria o caso ao medir o SST em água do mar), estas irão aumentar o peso do filtro à medida que este for secando. Portanto, é necessário "lavar" o filtro e a amostra com água desionizada após a filtragem da amostra e antes de secar o filtro. A não adição desta etapa é um erro bastante comum cometido por técnicos de laboratório inexperientes que trabalham com amostras de água do mar, e invalidará completamente os resultados, pois o peso dos sais deixados no filtro durante a secagem pode facilmente exceder o da matéria particulada em suspensão.

Embora a turbidez pretenda medir aproximadamente a mesma propriedade de qualidade da água que o SST, este último é mais útil porque fornece um peso real do material particulado presente na amostra. Em situações de monitorização da qualidade da água, uma série de medições de SST mais intensivas em trabalho será emparelhada com medições de turbidez relativamente rápidas e fáceis para desenvolver uma correlação específica do local.

Uma vez estabelecida satisfatoriamente, a correlação pode ser utilizada para estimar o SST a partir de medições de turbidez feitas com maior frequência, poupando tempo e esforço. Uma vez que as leituras de turbidez dependem de certa forma do tamanho, forma e cor das partículas, esta abordagem requer o cálculo de uma equação de correlação para cada local.

Além disso, situações ou condições que tendem a suspender partículas maiores através do movimento da água (por exemplo, aumento de uma corrente de fluxo ou acção de ondas) podem produzir valores mais elevados de TSS não necessariamente acompanhados de um aumento correspondente da turbidez, pelo facto de as partículas acima de um determinado tamanho (essencialmente qualquer coisa maior do que lodo) não serem medidas por um medidor de turbidez de bancada (elas assentam antes da leitura ser feita), mas contribuem substancialmente para o valor do TSS.

DEMANDA BIOQUÍMICA DE OXIGÉNIO

Os sólidos não filtráveis são o material retido chamado resíduo A carência bioquímica de oxigénio ou CBO é um procedimento químico para determinar a taxa de absorção de oxigénio dissolvido pelos organismos biológicos num corpo de água. Não é um teste quantitativo preciso, embora seja amplamente utilizado como uma indicação da qualidade da água. A CBO pode ser utilizada como indicador da eficácia das estações de tratamento de águas residuais. Está listada como um poluente convencional na Lei da Água Limpa dos EUA.

A carência bioquímica de oxigénio ou CBO é um procedimento químico para determinar a taxa de absorção de oxigénio dissolvido pelos organismos biológicos num corpo de água. Não é um teste quantitativo preciso, embora seja amplamente utilizado como uma indicação da qualidade da água. A CBO pode ser utilizada como indicador da eficácia das estações de tratamento de águas residuais. Está listada como um poluente convencional na Lei da Água Limpa dos EUA.

Valores típicos de CBO

A maioria dos rios imaculados terá uma CBO carbonácea de 5 dias abaixo de 1 mg/L. Os rios moderadamente poluídos podem ter um valor de CBO no intervalo de 2 a 8 mg/L. Os esgotos municipais que são tratados eficientemente por um processo em três fases teriam um valor de cerca de 20 mg/L ou menos. Os esgotos não tratados variam, mas têm um valor médio de cerca de 600 mg/L na Europa e tão baixo como 200 mg/L nos EUA, ou onde há uma grave infiltração de águas subterrâneas ou de superfície. (Os valores geralmente mais baixos nos E.U.A. derivam da utilização de água per capita muito maior do que noutras partes do mundo.

Os testes de CBO são utilizados para determinar a quantidade aproximada de oxigénio que será necessária para estabilizar biologicamente as matérias orgânicas presentes, para determinar a dimensão das instalações de tratamento de águas residuais e para medir a eficiência da estação de tratamento

DEMANDA QUÍMICA DE OXIGÉNIO (BACALHAU)

Na química ambiental, o teste de carência química de oxigénio (COD) é normalmente utilizado para medir indirectamente a quantidade de compostos orgânicos na água. A maioria das aplicações da CQO determina a quantidade de poluentes orgânicos encontrados nas águas superficiais (por exemplo, lagos e rios), tornando a CQO uma medida útil da qualidade da água. É expressa em miligramas por litro (mg/L), que indica a massa de oxigénio consumida por litro de solução. As referências mais antigas podem expressar as unidades como partes por milhão (ppm).

A COD é definida como a quantidade de oxidante especificado que reage com a amostra em condições controladas, é frequentemente utilizada como medida de poluente em resíduos e água natural.

Na química ambiental, o teste de carência química de oxigénio (COD) é normalmente utilizado para medir indirectamente a quantidade de compostos orgânicos na água. A maioria das aplicações da CQO determina a quantidade de poluentes orgânicos encontrados nas águas superficiais (por exemplo, lagos e rios), tornando a CQO uma medida útil da qualidade da água. É expressa em miligramas por litro (mg/L), o que indica a massa de oxigénio consumida por litro de solução. As referências mais antigas podem expressar as unidades em partes por milhão (ppm).

ANÁLISE GERAL

A base para o teste COD é que quase todos os compostos orgânicos podem ser totalmente oxidados em dióxido de carbono com um forte agente oxidante em condições ácidas. A quantidade de oxigénio necessária para oxidar um composto orgânico ao dióxido de carbono, amoníaco e água é dada por: Esta expressão não inclui a procura de oxigénio causada pela oxidação do amoníaco em nitrato. O processo de conversão do amoníaco em nitrato é referido como nitrificação. A seguinte é a equação correcta para a oxidação da amónia em nitrato. A segunda equação deve ser aplicada após a primeira para incluir a oxidação devida à nitrificação se a procura de oxigénio proveniente da nitrificação tiver de ser conhecida. O dicromato não oxida o amoníaco em nitrato, pelo que esta nitrificação pode ser ignorada com segurança no teste padrão da procura química de oxigénio.

AZOTO AMÓNICO

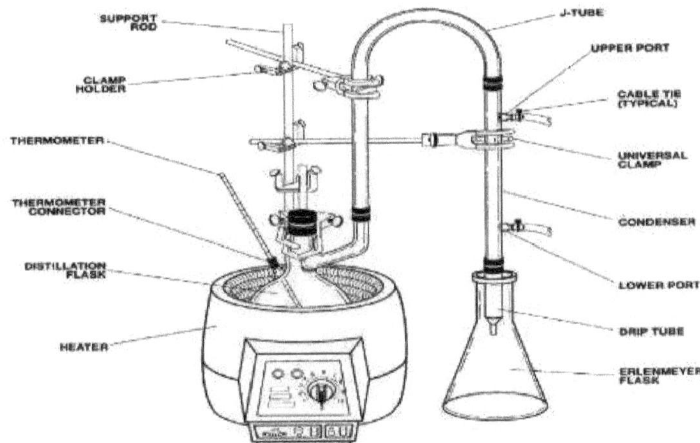

FIG.NO.16 Aparelho de nitrogénio amónico

O efluente de uma indústria química consiste em número de produtos químicos azoto amónico, que pode ser estimado através do método titrimétrico, o mais simples. O azoto amónico na água é realizado pelo método titrimétrico é utilizado apenas em amostras que tenham sido realizadas através de destilação preliminar.

MÉTODO DO PETRÓLEO E DO GRÁFICO

O óleo e a gordura dissolvidos ou emulsionados são extraídos da água por contacto íntimo com um solvente extractor. Algumas gorduras extraíveis, especialmente gorduras insaturadas e ácidos gordos, oxidam prontamente; por isso, são incluídas precauções especiais relativas à temperatura e ao deslocamento do vapor solvente para minimizar este efeito. Os solventes orgânicos sacudidos com algumas amostras podem formar uma emulsão que é muito difícil de quebrar. Este método inclui um meio de manipulação de tais emulsões. A recuperação dos solventes é discutida. A recuperação de solventes pode reduzir tanto as emissões de vapor para a atmosfera como os custos

Tendo em conta os factos acima referidos, realizei trabalhos sobre :

Tratamento de água e monitorização da água efluente para manutenção dos níveis de CBO

Revisão da Literatura

Em escritos antigos gregos e sânscritos (Índia) datados de 2000 a.C., recomendavam-se métodos de tratamento de água. As pessoas voltavam a saber que o aquecimento da água poderia purificá-la, e também eram educadas em filtragem de areia e cascalho, ebulição, e coação. O principal motivo para a purificação da água era o melhor sabor da água potável, porque as pessoas ainda não conseguiam distinguir entre água suja e água limpa. A turbidez era a principal força motriz entre os primeiros tratamentos de água. Não se sabia muito sobre microrganismos, ou contaminantes químicos.

Após 1500 a.C., os egípcios descobriram pela primeira vez o princípio da coagulação. Aplicaram o alúmen químico para o assentamento de partículas em suspensão. Foram encontradas imagens desta técnica de purificação na parede da tumba de Amenophis II e Ramsés II.

Após 500 AC, Hipócrates descobriu os poderes curativos da água. Inventou a prática da peneiração da água, e obteve o primeiro filtro de saco, que foi chamado de "manga de Hipócrates". O principal objectivo do saco era apanhar sedimentos que causavam maus gostos ou odores.

Nos anos 1700, foram aplicados os primeiros filtros de água para aplicação doméstica. Estes eram feitos de lã, esponja e carvão vegetal. Em 1804, foi construída na Escócia a primeira estação de tratamento de água municipal propriamente dita, concebida por Robert Thom. O tratamento da água era baseado na filtração lenta da areia, e o cavalo e o carrinho distribuíam a água. Cerca de três anos mais tarde, foram instaladas as primeiras condutas de água. Foi sugerido que cada pessoa deveria ter acesso a água potável segura, mas levaria um pouco mais de tempo até que esta fosse realmente posta em prática na maioria dos países.

No início do século XIX, as experiências de tratamento da água tinham passado da prevenção de doenças transmitidas pela água à criação de água mais macia e menos mineralizada. Os amaciadores de água, que utilizam iões de sódio para substituir os minerais que endurecem a água na água, foram introduzidos pela primeira vez no mercado do tratamento de água em 1903. A teoria da troca iónica (na qual um ião de água inofensivo ou mais desejável é utilizado para substituir um prejudicial) implementada pelos sistemas de amaciamento teria um grande impacto na indústria de tratamento de água em anos posteriores - a teoria seria eventualmente utilizada para remover chumbo, mercúrio, e outros metais pesados insidiosos da água

Em 1903 foi inventado o amaciamento da água como técnica de dessalinização da água. Os catiões eram removidos da água através da sua troca por sódio ou outros catiões, em permutadores de iões.

A experimentação do tratamento da água hoje em dia centra-se principalmente nos subprodutos da desinfecção. Um exemplo é a formação de trihalometano (THM) a partir da desinfecção com cloro. Estes orgânicos estavam ligados ao cancro. O chumbo também se tornou uma preocupação depois de ter sido descoberto a corroer dos tubos de água. O elevado nível de pH da água desinfectada permitiu a corrosão.

Actualmente, outros materiais substituíram muitos tubos de água com chumbo. O tratamento da água potável continua hoje em dia a basear-se largamente na filtração municipal utilizando cloração ou outros meios de desinfecção (tais como o ozono e as cloraminas). Enquanto a maioria das estações municipais de tratamento de água continua a utilizar métodos que existem há centenas de anos, alguns tipos de tratamento mais recentes (como a filtração de carvão activado e a osmose inversa) têm sido implementados tanto em estações de tratamento públicas como em casas particulares. Os métodos de tratamento de água continuarão sem dúvida a evoluir nos próximos anos à medida que forem sendo desenvolvidos processos mais recentes, mais seguros e mais eficientes.

As águas residuais municipais são a combinação de resíduos líquidos ou transportados por água provenientes das conveniências sanitárias de habitações, instalações e instituições comerciais ou industriais, para além de quaisquer águas subterrâneas, águas superficiais e águas pluviais que possam estar presentes. As águas residuais não tratadas contêm geralmente níveis elevados de material orgânico, numerosos microrganismos patogénicos, bem como nutrientes e compostos tóxicos. Por conseguinte, implica riscos ambientais e sanitários e, consequentemente, deve ser imediatamente transportada para longe das suas fontes de geração e tratada adequadamente antes da sua eliminação final. O objectivo final da gestão das águas residuais é a protecção do ambiente de uma forma proporcional às preocupações de saúde pública e socioeconómicas (Metcalf e Eddy1991).

Embora o tratamento da água potável tenha uma longa história, a análise matemática destes processos de tratamento é ainda jovem. Muitos 'modelos' de floculação são baseados em dados (Baxter *et al.*, 2002) e são difíceis de generalizar para outros trabalhos de tratamento. Outros processos de tratamento, como a desinfecção e filtração, foram amplamente estudados e os modelos estão numa base mais sólida.

A cloração foi utilizada pela primeira vez para desinfectar o abastecimento público de água no início dos anos 1900, e ajudou a reduzir drasticamente as doenças transmitidas pela água nas cidades da Europa e dos Estados Unidos. Embora tivesse havido pequenos ensaios de cloração no ponto de uso, os ensaios em maior escala começaram nos anos 90 como parte da Organização Pan-Americana de Saúde (OPAS) e dos Centros de Controlo e Prevenção de Doenças (CDC) dos EUA, em resposta à cólera epidémica na América Latina.

A sedimentação, uma operação unitária fundamental e amplamente utilizada no tratamento de águas residuais, envolve o assentamento gravitacional de partículas pesadas em suspensão numa mistura. Este processo é utilizado para a remoção de grãos, material particulado na bacia de decantação primária, floculação biológica na bacia de decantação de lamas activadas, e fluxo químico quando é utilizado o processo de coagulação química. A sedimentação tem lugar num tanque de decantação, também referido como clarificador. Existem três concepções principais, nomeadamente, fluxo horizontal, contacto dos sólidos e superfície inclinada.6 Ao conceber uma bacia de sedimentação, é importante ter em mente que o sistema deve produzir tanto um efluente clarificado como um lodo concentrado. Ocorrem quatro tipos de sedimentação, dependendo da concentração de partículas: discreta, floculenta, dificultada e comprimida. É comum que mais de um tipo de assentamento ocorra durante uma operação de sedimentação (Liu e B.G. Liptak ,1999).

(i) *Fluxo horizontal*

Os clarificadores de fluxo horizontal podem ser de forma rectangular, quadrada ou circular. O fluxo em bacias rectangulares é rectilíneo e paralelo ao longo eixo da bacia, enquanto que em bacias circulares de alimentação central, a água flui radialmente do centro para os bordos exteriores. Ambos os tipos de bacias são concebidos para manter as distribuições de velocidade e caudal tão uniformes quanto possível, a fim de evitar a formação de correntes e edemas, e assim impedir que o material em suspensão se deposite. As bacias são normalmente feitas de aço ou betão armado. A superfície inferior inclina-se ligeiramente para facilitar a remoção de lamas. Em tanques rectangulares, a inclinação é na direcção da extremidade de entrada, enquanto que em tanques circulares e quadrados, o fundo é cónico e inclina-se para o centro da bacia.

(ii) *Clarificadores de contacto sólidos*

Os clarificadores de contacto sólidos põem os sólidos que entram em contacto com uma camada suspensa de lama perto do fundo que actua como um cobertor. Os sólidos que entram aglomeram-se e permanecem enredados no interior da manta de lodo, pelo que o líquido é capaz de subir enquanto os sólidos são retidos por baixo.

(iii) *Bacias de superfície inclinada*

Bacias de superfície inclinada, também conhecidas como colonos de alta taxa, utilizam bandejas inclinadas para dividir a profundidade em secções mais rasas, reduzindo assim os tempos de assentamento das partículas. Também proporcionam uma maior área de superfície, para que se possa utilizar um clarificador de tamanho mais pequeno. Muitos clarificadores de fluxo horizontal sobrecarregados foram melhorados para bacias de superfície inclinada. Aqui, o fluxo é laminar, e não há efeito de vento.

Na filtragem de pedras porosas e uma variedade de outros materiais naturais têm sido utilizados para filtrar contaminantes visíveis da água durante centenas de anos. Estes filtros mecânicos são uma opção atractiva para o tratamento doméstico porque:

*   Há muitos disponíveis localmente e de baixo custo

opções de filtragem de água;

*   São simples e fáceis de usar; e

*   Tais meios filtrantes são potencialmente de longa duração.

Um recente estudo de impacto na saúde na Bolívia documentou uma redução de 64% na diarreia em utilizadores de filtros em forma de vela de cerâmica de 0,2 mícron fabricados na Suíça. Os utilizadores impediram a recontaminação utilizando uma tampa apertada sobre o recipiente, um selo apertado para evitar fugas à volta dos filtros para dentro do recipiente, e um espigão para aceder à água. Além disso, os utilizadores podem limpar os filtros sem os remover e expondo potencialmente a água do recipiente a contaminantes.

A adsorção com carvão activado é o processo de recolha de substâncias solúveis dentro de uma solução numa interface adequada. No tratamento de águas residuais, a adsorção com carvão activado - uma interface sólida - segue normalmente o tratamento biológico normal, e destina-se a remover uma porção da matéria orgânica dissolvida restante (Metcalf e Eddy).

A matéria particulada presente na água também pode ser removida. O carvão activado é produzido pelo aquecimento de carvão a uma temperatura elevada e depois activado pela exposição a um gás oxidante a uma temperatura elevada. O gás desenvolve uma estrutura porosa no carbonato e cria assim uma grande área de superfície interna. O carvão activado pode então ser separado em vários tamanhos com diferentes capacidades de adsorção. Os dois tipos mais comuns de

O carvão activado é carvão activado granular (GAC), que tem um diâmetro superior a 0,1 mm, e o carvão activado em pó (PAC), que tem um diâmetro inferior a 200 mesh.12. Uma coluna de leito fixo é frequentemente utilizada para pôr as águas residuais em contacto com o GAC. A água é aplicada na parte superior da coluna e retirada do fundo, enquanto o carbono é mantido no seu lugar. A retrolavagem e a lavagem da superfície são aplicadas para limitar a acumulação de perda de cabeça - Contactores de carbono de leito expandido e de leito móvel foram desenvolvidos para superar o problema da acumulação de perda de cabeça. No sistema de leito expandido, o influente é introduzido na parte inferior da coluna e é permitido expandir-se. No sistema de leito móvel, o carbono gasto é continuamente substituído por carbono fresco. O carbono granular gasto pode ser regenerado através da remoção do carbono orgânico adsorvido.

matéria da sua superfície através da oxidação numa fornalha. A capacidade do carbono regenerado é ligeiramente inferior à do carbono virgem (S.R. Qasim, 1999).

Foram desenvolvidos vários métodos para a caracterização de águas residuais, mas os dois processos mais utilizados são as caracterizações biológica e físico-química.

O método de caracterização biológica ou respirométrica baseia-se na medição da resposta da biomassa durante a degradação do substrato, quer em fluxo contínuo quer em experiência de tipo de lote. A taxa de utilização registada do oxigénio dissolvido ou nitrato (para potencial de desnitrificação) está intimamente relacionada com a qualidade e quantidade de substrato disponível no sistema (Spanjers *et al.*, 1995). Este método necessita de pessoal de laboratório experiente e qualificado, aparelhos experimentais específicos e, geralmente, de interpretação baseada em modelos. Pode proporcionar maior precisão e é, portanto, mais adequado para estudos de investigação.

A demanda bioquímica de oxigénio representa a quantidade de oxigénio consumida pelas bactérias e outros microrganismos enquanto decompõem a matéria orgânica em condições aeróbias a uma temperatura especificada.

A presença de uma concentração suficiente de oxigénio dissolvido é fundamental para manter a vida aquática e a qualidade estética dos cursos de água e lagos. Determinar como a matéria orgânica afecta a concentração de oxigénio dissolvido (DO) num riacho ou lago é parte integrante da gestão da qualidade da água. A decomposição da matéria orgânica na água é medida como demanda bioquímica ou química de oxigénio (G.C. Delzer e S.W. McKenzie,2003). A presença de uma concentração suficiente de oxigénio dissolvido é fundamental para manter a vida aquática e a qualidade estética dos riachos e lagos. Determinar como a matéria orgânica afecta a concentração de oxigénio dissolvido (DO) num riacho ou lago é parte integrante da gestão da qualidade da água. A decomposição da matéria orgânica na água é medida como demanda bioquímica ou química de oxigénio. A demanda de oxigénio é uma medida da quantidade de substâncias oxidáveis numa amostra de água que pode baixar as concentrações de DO . O teste da carência bioquímica de oxigénio (CBO) é um procedimento de bioensaio que mede o oxigénio consumido pelas bactérias a partir da decomposição da matéria orgânica. A alteração na concentração de DO é medida durante um determinado período de tempo em amostras de água a uma temperatura especificada. É importante estar familiarizado com os procedimentos correctos para determinar as concentrações de DO antes de se efectuarem medições de CBO. A CBO é medida em ambiente laboratorial.

O método físico-químico baseia-se no pressuposto de que o modelo de fracções de CQO pode ser separado por processos de filtração e floculação e que a CQO das fracções obtidas é facilmente mensurável por métodos químicos padrão (Mamais *et al.*, 1993).

Investigadores anteriores documentaram que a remoção de COD utilizando ozonização depende do pH. Lidia et al. (2001) relataram uma baixa remoção de COD de corantes dispersos (10%) a pH 8 utilizando 0,5g dm-3 de concentração de ozono, enquanto que. A pH 7, a reacção do tipo radical torna-se eficaz e, simultaneamente, o efeito inibidor dos iões carbonatos ainda não é muito pronunciado. Assim, poderiam ser esperadas remoções de COD mais elevadas. Além disso, Rajeswari (2000) documentou que a eficiência das remoções de COD dependia da temperatura. Ele registou que as remoções de COD aumentaram com o aumento da temperatura de 25oC para 50oC. Koch et al. (2002). Sheng e Chi (1993) documentaram que a remoção de COD dependia da resistência dos resíduos de corantes, onde a redução de COD era ligeira a partir dos resíduos de corantes médios e altos. A baixa redução da COD é atribuível ao facto de as moléculas de corantes poliméricos estruturados serem oxidadas pela ozonização a pequenas moléculas, tais como ácido acético, aldeído, cetonas, etc., em vez de CO_2 e água. Assim, uma quantidade considerável de COD é atribuída a estas pequenas moléculas orgânicas.

Segundo Gianluca e Nicola (2001), a remoção da COD das águas residuais tratadas biotermicamente dependia da COD inicial das águas residuais têxteis. Cerca de 67% e 39% da remoção da COD foi alcançada quando a COD inicial era de 160 e 203 mg/L, respectivamente. Segundo Koch et al. (2002), a remoção da COD ao longo do processo de ozonização foi de 50% e 40% após 60 e 90 minutos, com uma concentração de ozono de 18,5 e 9,1mg/l, respectivamente.

Mount et al. (1997) afirma que a toxicidade das águas doces com sólidos altamente dissolvidos tem demonstrado ser dependente da composição iónica da espécie da água.

Parâmetros integradores tais como condutividade, TDS, ou salinidade não são preditores robustos de toxicidade para uma gama de qualidades de água. Mount et al. (1997) desenvolveram modelos de regressão para prever a toxicidade atribuível a iões importantes como K^+, HCO_3^-, Mg^{2+}, Cl^-, e SO_4^{2-}. O estudo concluiu que a presença de múltiplos catiões tendia a ser menos tóxica do que soluções comparáveis com apenas um catião. Além disso, à medida que a dureza aumenta, a toxicidade do TDS pode diminuir. Weber-Scannell e Duffy (2007) afirma que o TDS causa toxicidade através do aumento da salinidade, alterações na composição iónica da água, e toxicidade dos iões individuais. Os aumentos da salinidade demonstraram causar mudanças nas comunidades bióticas, limitar a biodiversidade, excluir espécies menos tolerantes, e causar efeitos agudos ou crónicos em fases específicas da vida. Alterações na composição iónica da água podem excluir algumas espécies ao mesmo tempo que promovem o crescimento populacional de outras. As concentrações de iões específicos podem atingir níveis tóxicos em certas fases do ciclo de vida de certas espécies.

O documento de investigação afirma que é recomendado que sejam utilizados limites diferentes para iões individuais, em vez de TDS, para espécies de salmonídeos. O documento afirma também que um padrão de qualidade da água para o TDS pode ter várias abordagens: 1) O padrão pode ser estabelecido suficientemente baixo para proteger todas as espécies e fases de vida expostas aos iões mais tóxicos ou combinação de iões; 2) O padrão pode ser estabelecido para proteger a maioria das espécies e fases de vida para a maioria dos iões e combinações de iões; ou 3) Podem ser definidos diferentes limites para diferentes categorias de iões ou combinações de iões, com um limite inferior durante a desova do peixe, se estiverem presentes espécies de salmonídeos que demonstraram ser sensíveis ao TDS durante a fertilização e o desenvolvimento de ovos. A abordagem (1) pode ser desnecessariamente restritiva, embora mais simples de definir e implementar. A abordagem (2), embora menos restritiva, pode levar a efeitos adversos para as comunidades aquáticas. A abordagem (3) é mais complicada de definir e exigiria que o potencial descarregador determinasse a composição do efluente e que espécies e fases de vida estão presentes a jusante do efluente. Em geral, a abordagem (3) proporcionaria a maior protecção às espécies aquáticas e a menor restrição desnecessária aos potenciais descarregadores.

A importância dos sedimentos fluviais na qualidade dos sistemas aquáticos e ribeirinhos está bem estabelecida. A Agência de Protecção Ambiental dos Estados Unidos (EPA) identifica os sedimentos como os

poluente mais comum que afecta as utilizações benéficas dos rios e riachos da Nação (EPA, 1998). Os dados de TSS são frequentemente a única fonte de dados de sedimentos disponível para engenheiros e cientistas que estimam cargas de sedimentos para uma variedade de fins, incluindo o programa de carga diária máxima total da EPA... Sedimentos fiáveis e de qualidade assegurada e dados auxiliares são os fundamentos para a avaliação e remediação de águas com problemas de sedimentos. O U.S. Geological Survey (USGS estabeleceu protocolos para a recolha de dados de sedimentos (Edwards e Glysson, 1999) e para a análise laboratorial de amostras de sedimentos em suspensão (Guy, 1969; Matthes e outros, 1991; Knott e outros, 1992 e 1993; USGS, 1998; USGS, 1999a). A maioria dos métodos analíticos foram desenvolvidos pelo Federal InterAgency Sedimentation Project, aprovado pelo Comité Técnico (Glysson e Gray, 1997) e utilizado pela maioria das agências federais que analisam dados de sedimentos fluviais. Os dados recolhidos, processados e analisados utilizando métodos consistentes são comparáveis no tempo e no espaço. Inversamente, os dados obtidos usando métodos diferentes podem não fornecer resultados comparáveis. O foco de um estudo anterior (Gray, Glysson, e Conge, 2000) foi a comparabilidade dos dados de concentração de sedimentos em suspensão (SSC) e de sólidos totais em suspensão (TSS). Os termos SSC e

TSS são frequentemente utilizados de forma intercambiável na literatura para descrever a concentração de material em fase sólida em suspensão numa mistura água-sedimento, geralmente medida em miligramas por litro (mg/L). Contudo, os procedimentos analíticos para SSC e TSS diferem e por vezes podem produzir resultados consideravelmente diferentes, particularmente quando o material do tamanho da areia compõe uma percentagem significativa do sedimento da amostra (Gray, Glysson, e Conge, 2000).

Uma avaliação dos dados recolhidos e analisados pelo U.S. Geological Survey e outros mostrou que a variação nos resultados analíticos do SCT é consideravelmente maior do que a das análises tradicionais de concentração de sedimentos em suspensão (SSC) e que os dados do SCT mostram um enviesamento negativo quando comparados com os dados da SSC.

O pH de uma solução é o logaritmo negativo comum da actividade dos iões de hidrogénio:

pH = -log (H+): Em soluções diluídas, a actividade do ião hidrogénio é aproximadamente igual à concentração do ião hidrogénio. O pH da água é uma medida do equilíbrio ácido-base e, na maioria das águas naturais, é controlado pelo sistema de equilíbrio carbono-dióxido-bicarbonato de carbono. Um aumento da concentração de dióxido de carbono irá, portanto, baixar o pH, enquanto que uma diminuição fará com que este aumente. A temperatura também irá afectar os equilíbrios e o pH. Em água pura, ocorre uma diminuição do pH de cerca de 0,45 à medida que a temperatura é aumentada em 25 °C. Em água com uma capacidade tampão conferida por bicarbonato, carbonato, e iões hidroxil, este efeito da temperatura é modificado. O pH da maior parte da água bruta situa-se dentro do intervalo 6,5-8,5 (McClanahan, 1974)

Embora o pH normalmente não tenha impacto directo nos consumidores de água, é um dos mais importantes parâmetros operacionais de qualidade da água. É necessária uma atenção cuidadosa ao controlo do pH em todas as fases do tratamento da água para assegurar uma clarificação e desinfecção satisfatórias da água. Para uma desinfecção eficaz com cloro, o pH deve de preferência ser inferior a 8. O pH da água que entra no sistema de distribuição deve ser controlado para minimizar a corrosão das condutas e canalizações de água nos sistemas de água doméstica. Não o fazer pode resultar na contaminação da água potável e em efeitos adversos sobre o seu sabor, odor e aspecto. O pH óptimo variará em diferentes fornecimentos de acordo com a composição da água e a natureza dos materiais de construção utilizados no sistema de distribuição, mas encontra-se frequentemente na gama 6,5-9,5. Valores extremos de pH podem resultar de derrames acidentais, avarias no tratamento, e revestimentos de tubos de argamassa de cimento insuficientemente curados (Langelier WF, 1946).

MATERIAIS E MÉTODOS

SECÇÃO A : ANÁLISE DA ÁGUA
Com refrência à APHA

ANÁLISE	DEFINIÇÃO	MÉTODO	MATERIAIS
Alcalinidadetotal	Alcalinidade à laranja de metilo relatada CaCo3	titulação com ácido padrão até ao ponto final do laranja metilo.	Laranja de metilo ,N/50 HCL,
Cálcio-total	Solúvel& cálcio insolúvel	Espectroscopia de absorção atómica	LiquidNaOH , Indicador Murooxide,EDTA
Mg. total	Solúvel& mg insolúvel	Espectroscopia de absorção atómica	-
Dureza		titulação com EDTA padrão cor vermelha azul esverdeado	Solução tampão,erichron indicador preto,EDTA
Condutividade	Determinação específica temperatura ambiente de condutância	Medidor de condutividade	Medidor de condutividade
pH	Medição da actividade aquosa dos iões de hidrogénio	medidor de pH com eléctrodo de vidro	H P contador(NaOH,HCL)
Turbidez	Dispersão de luz relatada	Nephlometric	Turbidímetro
	Unidades de turbidez nefelométrica		
Residual Cloro		Colorimétrica	Colorímetro, O-toludine
Chloride	Clorideion solúvel concentração	Titulação com silvernitrate chromateas indicador	Cromato de potássio (indicador), prata nitrato.

Fosfato	Solúvel& insolúvel	Espectroscopia de absorção atómica	Aminosolução Espectrofotómetro de molibdato de amónio.
Sílica	Sílica reactiva de molibdato	Espectroscopia de absorção atómica	Solução de amino , molibdato de amónio Solução ,HCL, oxalicida , espectrofotómetro.

TABELA NO.10 Métodos de Análise Química da Água

SECÇÃO B: MONITORIZAÇÃO DA ÁGUA EFLUENTE

pH : Com referência à APHA

Materiais : medidor de pH

PROCEDIMENTO:

O instrumento é primeiro padronizado com a ajuda de uma solução tampão padrão de pH 4,0, 7,0 .& 9,0.

FIG.NO17 Medidor automático de pH

TDS: Com referência à APHA

Materiais : copo, aparelho TDS, forno, máquina de pesagem

Procedimento :

1. Pegar num copo e pesá-lo.

2. Filtrar o volume adequado da amostra através do flitro de fibra de vidro.

3. Tomar o filtrado em copo e secá-lo num forno a 105 C durante Uma hora, arrefecer à temperatura ambiente num dessecador e pesar.

4. Calcular o TDS na amostra.

Cálculo :

Sólidos dissolvidos totais (mg/lt.) = (A-B) X 1000 / volume de amostra (ml.)

Onde,

A = Peso do resíduo seco + prato (mg.)

B = Peso do prato (mg.

TSS: Com referência à APHA

Materiais: papel de filtro de fibra de vidro, aparelho de TSS, forno, máquina de pesagem

PROCEDIMENTO

O filtro de fibra de vidro é primeiro seco num forno a 103-105^0 C durante 1 hora, e depois arrefecido em exsicadores para equilibrar a temperatura medir o seu peso. Depois, a amostra a filtrar é passada através deste filtro utilizando o conjunto TSS. Retirar o filtro do aparelho de filtração e transferi-lo para uma estufa. Secá-lo novamente a 103-105^0 C durante 1 hora& & medir o seu peso.

Cálculo :

TSS(mg/lt) = (A-B)x1000/ml amostra

Onde

A = Peso do resíduo seco+prato

B = Peso do prato

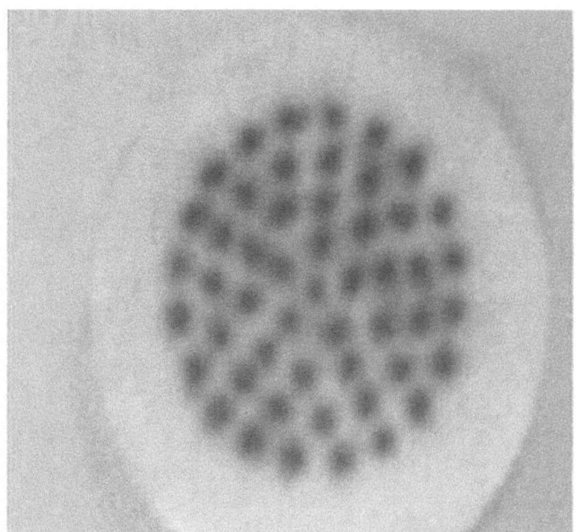

FIG.NO 18 Papel de filtro de fibra de vidro

CBO : Com referência à APHA

Materiais

1   Solução tampão fosfato ,

2   Solução de sulfato de magnésio :

3   Solução de cloreto de cálcio

4   Solução de cloreto férrico

5   Solução ácida e alcalina 1 N.

6   . Garrafas de CBO , incubadora de CBO, aparelho titulador.

Procedimento

Preparação da água de diluição: Tomar volume de água de desejo numa garrafa &add 1ml de tampão fosfato ,$MgSO_4$,$CaCl_2$ & $FeCl_3$ solução/L de água. Antes de utilizar água de diluição saturar com DO por agitação numa água parcialmente cheia ou por arejamento com ar filtrado orgânico livre, adicionar agora as sementes de CBO/l de água de diluição

Fazer várias diluições de amostra em garrafas de CBO, adicionar 1ml de cada $MnSO_4$ & reagente alcalizado em garrafas de CBO .

Adicionar1ml conc. $H_2 SO_4$ em garrafa de CBO. Tirar 100ml de amostra de cada garrafa de CBO e titular separadamente com 0,01N tiossulfato e assim calcular DO a zero dia.

CÁLCULO

DO (mg/l) = volume de titulante x N de tiossulfato X 8000/ml de amostra

Agora coloque a garrafa de CBO na incubadora de CBO a 27^0 C durante 3 dias e calcule DO a 3º dia.

CBO = (DO amostra dia zero - DO amostra 3º dia) - (DO dia zero em branco - DO dia em branco 3º dia)/ml amostra.

FIG.NO 19 garrafas de CBO

COD: Com referência à APHA

Materiais: Aparelho de COD, aparelho de titulação

Solução padrão de dicromato de potássio

Solução de indicador de ferroina

Sulfato de mercúrio $HgSO_4$.

Titulado padrão de sulfato de amónio ferroso (FAS)

Normalizar esta solução em relação à solução padrão $K_2 Cr O$.[27]

PROCEDIMENTO:

Pipetar 50ml de amostra para um frasco de refluxo de 500ml. Adicionar 5ml H_2SO_4 reagente, 1gm $HgSO_4$ misturar & arrefecer Adicionar 25ml 0.04167M K_2CrO_{27} solução à amostra . Adicionar o restante H_2SO_4 (70ml de reagente através da extremidade aberta do condensador, refluxo durante 2 horas. Diluir a mistura até cerca do dobro do seu volume com água destilada . arrefecer à temperatura ambiente & titular o excesso K_2CrO_{27} com FAS usando 1-2 gotas de indicador de ferrião .No final pt. De titulação afiada muda de cor de verde azul para castanho-avermelhado.

CÁLCULO

CQO (mg/lt.) = (A-B) x N x 8 x 1000 / ml amostra

Onde

A = FAS utilizado para branco (ml)

B = FAS utilizado para amostra (ml)

N = Normalidade da FAS

Aparelho FIG.NO 20 COD

AMMONICAL NITROGEN: Com referência à APHA
Materiais:
Aparelho de nitrogénio amónico
Azul de metileno

Ácido Bórico
Titante Padrão de Ácido Sulfúrico
Determinação da amónia
PROCEDIMENTO

1) Tomar 20% de Ácido Bórico num frasco.

2) Colher amostra em frasco redondo. O pH da amostra deve ser superior a 8,8.

3) Adicionar NaOH para aumentar o pH da amostra através do qual ocorre a formação de vapor.

4) Agora aqueça a amostra mantendo a garrafa arredondada em aquecedor.

5) Os vapores de azoto amônico são arrefecidos pelo abastecimento de água. Os vapores caem em ácido bórico.

6) Agora arrefecer o aparelho durante 1/2 hora.

7) Finalmente, titular o ácido bórico (no qual os vapores de azoto amônico são misturados) por $H_2 SO_4$.

8) Em primeiro lugar, adicionar-lhe um indicador misto.

9) No ponto de titulação final, a cor preta muda na cor da água transparente

10) Anotar o valor do título & pela fórmula seguinte, calcular o azoto amônico presente na amostra.

CÁLCULO

NH3 - N/L = <u>volume de titulação x N x 14 x 1000</u>

ml de amostra

N- Normalidade de $H_2 SO_4$

14 - Equivalente de Nitrogénio

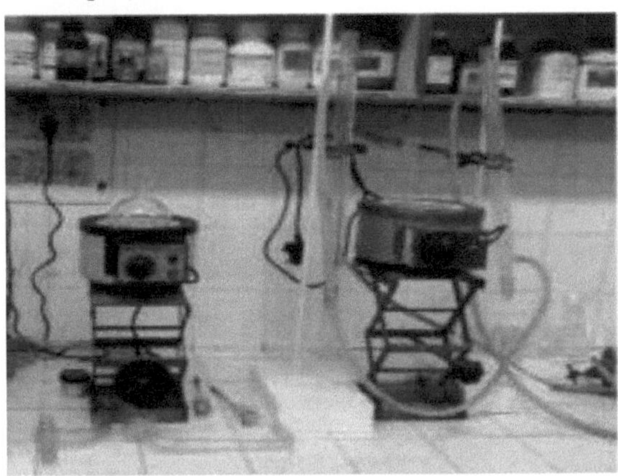
FIG.NO 21 Aparelho de azoto amónico

MÉTODO DO ÓLEO E DO GÁS: Com referência à APHA
Materiais
Separador de óleos e gorduras.

2. Éter de petróleo.
3. Amostra
4. Copo
5. Forno e máquina de pesagem

Procedimento :

1. Tirar 100ml de amostra em aparelhos de óleo e graxa.
2. Acrescentar 30ml de éter de petróleo.
3. Agitar bem após 15 min. a gordura e a amostra de óleo irão separar-se com diferentes camadas.
4. Separar ambos os líquidos.
5. Pegar no peso de um copo vazio.
6. Agora manteve o óleo e a gordura no copo e manteve-o no forno durante uma hora a

60ºC.

7. Agora, mais uma vez, pesa o copo.

Anotar a diferença de copo e béquer com óleo seco e béquer de graxa.

8. Ao colocar o valor da diferença entre o copo na seguinte fórmula de cálculo a amostra de

óleo & graxa na amostra.

CÁLCULO

Óleo e Graxa = $\underline{A - B \times 10^\wedge}$ (mg/lt.)

100

A = peso do copo de óleo e graxa
B = peso do copo vazio.

FIG.NO 22 Separador de óleos e gorduras

RESULTADO

Água do canal:

A água do canal que entra no poço do macaco através do canal de admissão é bombeada utilizando bombas centrífugas para plantas vinílicas e plantas fertilizantes. Nas Plantas Vinílicas esta água é utilizada principalmente como tal em aplicações de arrefecimento. Nas fábricas de fertilizantes uma parte desta água é utilizada como tal nas torres de arrefecimento das Centrais Eléctricas. O resto da água é tratada mais tarde para fazer outros tipos de águas. A qualidade da água do Canal é monitorizada regularmente para decidir o tratamento programado.

Fevereiro de 2010						
PARÂMETRO	1o.	2ⁿᵈ	3ʳᵈ	4	5o.	6o.
Temperatura(Oc)	22	23	23	22	22	22
PH	7.97	7.5	7.96	7.96	8.55	8.45
Condutividade(micro mho/cm)	260	270	260	260	260	270
Alcalinidade (ppm)	120	118	115	120	118	119
Hardness-total (ppm)	110	110	108	108	112	110
Dureza-Ca (ppm)	70	70	70	70	72	71
Dureza-Mg (ppm)	40	40	38	38	40	39
Sílica (mg/lt.)	4	4	3.9	3.9	4.3	4.3
Cloreto (mg/lt.)	30	30	35	37	30	35
Cloro residual (ppm)	Nulo	Nulo	Nulo	Nulo	Nulo	Nulo
Turbidez (NTU)	1.4	1.4	2	2	1.5	1.2
Fosfato (mg/lt.)	1.1	1.5	2	2	1.5	1.2

TABELA NO.11 Qualidade Analisada da Água Bruta

Água Clarificada :

A parte de água, que tem de ser tratada, é levada para as câmaras de admissão dos clarificadores. Aqui, o agente floculante cloreto de poli alumínio (PAC)/Alumínio Férrico e o agente desinfectante cloro são adicionados à água.

A água é então tratada nos clarificadores para remover as matérias em suspensão e outras matérias orgânicas presentes na água do Canal, recolhida num tanque de armazenamento e bombeada para outra aplicação. Uma parte desta água é utilizada no processo de arrefecimento na instalação SPL. A água restante é ainda tratada para produzir outra água.

Dois clarificadores de tipo convencional com uma capacidade de tratamento de 1200 M^3 /Hr. cada um e com um diâmetro de 33M é instalado nesta instalação para produzir a água clarificada. As lamas sedimentadas destes clarificadores são removidas por drenagem dos clarificadores normalmente uma vez por dia ou depende das necessidades.

A água efluente contendo grande quantidade de lodo é recolhida e depositada num poço de decantação e a água clara com a mesma qualidade da água bruta é levada para os clarificadores para conservar a água e minimizar a quantidade de efluente.

O pH, turbidez e cloro residual são monitorizados na água clarificada na saída dos clarificadores.

Febuário 2010						
PARÂMETRO	8	9ª	10º.	11ª	12ª	13 ª
Temperatura(Oc)	22	23	23	22	22	22
PH	7.4	7.3	7.3	7.4	7.45	7.45
Condutividade(micro mho/cm)	330	330	325	330	320	320
Cloro residual (ppm)	0.5	0.5	0.6	0.5	0.5	0.5
Turbidez (NTU)	0.5	0.5	0.5	0.6	0.5	0.5

TABELA NO.12 CLARIFICADOR DE QUALIDADE DE ÁGUA CLARIFICADO Analisado NO.1

Febuário 2010						
PARÂMETRO	15	16o.	17o.	18	19	20ª
Temperatura(Oc)	23	23	23	22	22	22
PH	7.4	7.3	7.3	7.4	7.45	7.45
Condutividade(micro mho/cm)	330	330	320	330	330	320
Cloro residual (ppm)	0.6	0.6	0.5	0.5	0.5	0.5
Turbidez (NTU)	0.5	0.5	0.5	0.6	0.5	0.4

TABELA NO.13 CLARIFICADOR DE QUALIDADE DE ÁGUA CLARIFICADO ANALISADO NO.2

ÁGUA FILTRANTE

A água clarificada é bombeada para filtros de areia de pressão horizontal para remover flocos/partículas em suspensão passados dos clarificadores. A água clara com turvação inferior a 1 NTU é fornecida à fábrica de fertilizantes para efeitos de refrigeração. A água restante é levada para tratamento posterior. Nesta fábrica são instalados 12 filtros de areia de pressão com capacidade de tratamento de 100 M^3 /Hr. cada um para produzir água filtrada. A turbidez é monitorizada na água filtrada para manter a sua qualidade.

O leito do meio/filtro é limpo através da lavagem posterior destes filtros uma vez por dia. O efluente com alta turvação é sedimentado e a água limpa é levada para os clarificadores para conservar a água e minimizar a quantidade de efluentes.

FEVEREIRO DE 2010						
PARÂMETRO	22ª	23ª	24ª	25º.	26o.	27o.
Temperatura(Oc)	23	23	23	22	22	22
Condutividade(micro mho/cm)	340	360	360	360	360	360
Alcalinidade (ppm)	108	96	96	93	100	100
Hardness-total (ppm)	110	112	112	118	118	118
Dureza-Ca (ppm)	71	72	72	74	74	74
Dureza-Mg (ppm)	39	40	40	44	44	44
Sílica (mg/lt.)	3	4.8	3	3	3	3
Cloreto (mg/lt.)	39	40	40	39	39	39
ResidualChlorine (PPm)	0.8	0.7	0.6	0.6	0.6	0.6
Turbidez (NTU)	0.5	0.5	0.5	0.5	0.5	0.5

TABELA NO.14 Filtros analisados da qualidade da água A/U FILTROS

Março de 2010						
PARÂMETRO	1o.	2ª	3o.	4	5o.	6o.
Temperatura(0c)	24	24	25	24	24	24
PH	7.55	7.4	7.34	7.3	7.3	7.3
Condutividade(micro mho/cm)	370	380	380	390	400	400
Alcalinidade (ppm)	104	93	90	89	86	86
Hardness-total (ppm)	118	120	127	128	128	128
Dureza-Ca (ppm)	74	76	75	72	72	73
Dureza-Mg (ppm)	44	44	52	56	56	55
Sílica (mg/lt.)	2.4	3	3	3.5	3.3	5.8
Cloreto (mg/lt.)	40	40	40	40	41	41
Cloro residual (ppm)	0.6	0.5	0.5	0.5	0.6	0.6
Turbidez (NTU)	0.5	0.5	0.5	0.5	0.5	0.5
Fosfato (mg/lt.)	Nulo	Nulo	Nulo	Nulo	Nulo	Nulo

TABELA NO.15 Filtros analisados da qualidade da água P/P FILTROS

Março de 2010						
PARÂMETRO	8	9ª	10ª	11ª	12ª	13ª
Temperatura(0c)	24	24	25	24	25	25

PH	7.3	7.2	7.3	7.3	7.3	7.3
Condutividade(micro mho/cm)	410	410	410	410	410	420
Cloro residual (ppm)	0.1	0.1	0.1	0.1	0.1	0.1
Turbidez (NTU)	0.5	0.5	0.5	0.5	0.5	0.5

TABELA NO.16FILTROS DE CARBONO ANALIZADOS DE QUALIDADE DA ÁGUA

ÁGUA BEBIDA

Sob água de canal de qualidade normal, uma parte da água do filtro é utilizada para aplicações de água potável e o cloro residual de 0,3 a 0,6ppm é mantido continuamente na mesma. Mas se a água do canal contiver qualquer cor ou odor, a água do filtro é passada através de filtros de carvão activado para remover a cor e o odor e levada para um tanque de armazenamento de água potável separado e, após a cloração, fornecida para fins de consumo.

Mar-2010						
PARÂMETRO	15	16o.	17o.	18	19	20
Temperatura(Oc)	24	24	25	24	24	24
PH	7.3	7.3	7.3	7.3	7.35	7.5
Condutividade(micro mho/cm)	430	430	410	390	410	420
Alcalinidade (ppm)	89	88	86	86	98	88
Hardness-total (ppm)	128	126	120	120	125	124
Dureza-Ca (ppm)	74	74	72	71	73	73
Dureza-Mg (ppm)	54	52	48	49	52	51
Sílica (mg/lt.)	6	5.8	6	5.8	4.18	4.2
Cloreto (mg/lt.)	44	42	40	40	44	44
Cloro residual (ppm)	0.7	0.7	0.6	0.7	0.7	0.7
Turbidez (NTU)	0.5	0.5	0.5	0.5	0.5	0.5
Fosfato (mg/lt.)	Nulo	Nulo	Nulo	Nulo	Nulo	Nulo

TABELA NO.17 Água potável analisada

ÁGUA DM

Uma parte da água filtrada passa através dos filtros de carvão activado para remover o cloro residual e quaisquer contaminações orgânicas presentes, que estão a ter um efeito prejudicial nas resinas catiónicas e aniónicas da unidade permutadora de iões, respectivamente, e é levada para as unidades de desmineralização para produzir água DM.

Na fábrica de DM dois fluxos de DM com capacidade 95 M^3 /Hr. e um fluxo com capacidade 150 M^3 /Hr. são instalados para produzir água Dm. Cada ribeiro é composto por uma coluna de catiões, torre de degassiferência, coluna de ânions e um leito misto. Os dois primeiros fluxos de vapor são fluxos de contra-corrente e o terceiro fluxo é um fluxo de corrente de coque.

A água DM produzida é utilizada em caldeiras de centrais eléctricas e instalações de fertilizantes e no processo em fábricas de PVC e de soda cáustica.

Durante o processo, as resinas catiónicas e aniónicas são activadas/regeneradas utilizando ácido clorídrico e lixívia cáustica, respectivamente. O efluente gerado durante este processo é recolhido num pH neutralizante e, após mistura e neutralização adequadas, é descarregado de acordo com as normas de poluição de uma forma controlada.

A qualidade da água DM produzida é monitorizada continuamente através da utilização de instrumentos online. A qualidade da água de DM é

pH-6   ,0 a 7,2
Condutividade-< 1.0m mho/cm
Silica-<   0.02 ppm

10-Março 2010

PARÂMETROS	22ª	23o.	24ª	25°.	26o.	27o.
PH	6.5	6.4	6.5	6.2	6.2	6.2
Condutividade (micro mho/cm)	0.4	0.3	0.3	0.4	0.3	0.4
Sílica (mg/Lt.)	Nulo	Nulo	Nulo	Nulo	Nulo	Nulo

TABELA NO.18 POLÍSICOS Analisados de DM de qualidade da água POLÍSICOS 3

Março / Abril 2010

PARÂMETROS	29o.	30ª	31ª	1o.	2o.	3ª
PH	6.4	6.4	6.2	6.2	6.4	6.3
Condutividade (micro mho/cm)	0.5	0.4	0.4	0.4	0.5	0.6
Sílica (mg/Lt.)	Nulo	Nulo	Nulo	Nulo	Nulo	Nulo

TABELA NO.19 POLÍSICOS Analisados de DM de qualidade da água POLISHERS 3

10 de Abril

PARÂMETROS	5o.	6ª	7	8	9o.
PH	2.74	2.74	2.74	2.73	2.81
Condutividade(micro mho/cm)	790	810	810	750	700
Sílica (mg/Lt.)	4.695	4.4	4.05	4.35	4.32

TABELA NO.20 CACÇÃO Analisada da qualidade da água de DM 1

Abril de 2010

PARÂMETROS	11ª	12ª	13ª	14ª	15
PH	8.91	6.25	8.88	7.91	7.62
Condutividade (micro mho/cm)	3.7	4.8	3.6	1.7	3.2
Sílica (mg/Lt.)	0.08	0.8	0.06	0.09	0.08

TABELA NO.21 Qualidade da água de DM analisada ANION 1

18 MARÇO 2010

PARÂMETRO	Akhelgarh	M.nagar	Chhawani	Estação
PH	7.88	7.88	7.9	7.88
Condutividade (mue mho/cm)	220	220	220	220
Alcalinidade (ppm)	108	108	108	108
Hardness-total (ppm)	100	100	100	100
Dureza-Ca (ppm)	68	68	68	68
Dureza-Mg (ppm)	32	32	32	32
Sílica (mg/lt.)	3.64	3.64	3.64	3.64
Cloreto (mg/lt.)	24	24	24	24
Cloro residual (ppm)	0.6	0.6	0.6	0.6
Turbidez (NTU)	0.96	0.96	0.96	0.96
Fosfato (mg/lt.)	Nulo	Nulo	Nulo	Nulo

TABELA NO.22 Água potável analisada fornecida a partir de akhelgarh para diferentes áreas de Kota

18 MARÇO 2010	
PARÂMETRO	Bajrang nagar (Borring Water)
PH	7.8
Condutividade (mue mho/cm)	990
Alcalinidade (ppm)	444
Hardness-total (ppm)	296
Dureza-Ca (ppm)	178
Dureza-Mg (ppm)	118
Sílica (mg/lt.)	11.8
Cloreto (mg/lt.)	140
Cloro residual (ppm)	Nulo
Turbidez (NTU)	1
Fosfato (mg/lt.)	Nulo

TABELA NO.23 Água potável analisada de bajrang nagar

QULAIDADE DOS EFLUENTES

PARÂMETRO

Data	pH	TSS	TDS	Azoto amônico	COD	CBO	ÓLEO & GRÁFICO
16/04/10	7.5	69	944	44	62.2	BDL	4.0
17/04/10	7.3	65	940	42	62.3	BDL	6.0
19/04/10	7.4	66	945	45	62.5	BDL	7.0
20/04/10	7.5	65	946	46	62.25	BDL	5.0
21/04/10	7.7	62	950	42	62.32	BDL	7.0
22/04/10	7.6	65	944	45	62.1	BDL	7.0
23/04/10	7.5	64	940	44	62.13	BDL	6.0
24/04/10	7.4	63	937	42	62.11	BDL	4.0
26/04/10	7.4	62	940	43	62.2	BDL	4.0
27/04/10	7.5	65	945	45	62.2	BDL	5.0

BDL = Below Detection Limit, DL, para CBO =2mg/ltr. A ll os resultados são em mg/lt,excepto pH

TABELA NO.24 Qualidade dos efluentes

DISCUSSÃO

A estratégia DSCL de gestão ambiental visa minimizar a geração de poluentes ou, por outras palavras, a prevenção da degradação do ambiente natural à nossa volta.

Com respeito aos resultados acima, se compararmos a água potável do DSCL com os padrões de água potável da OMS, verificamos que os seguintes parâmetros mencionados na (tabela no.25) correspondem aproximadamente aos padrões da OMS.

Parâmetro	Normas da OMS	Normas SFC
Condutividade(micro mho/cm)	400-420	410
Alcalinidade (ppm)	90-92	92
Hardness-total (ppm)	122-125	124
Dureza-Ca (ppm)	70-75	72.5
Dureza-Mg (ppm)	30-40	34.33
Sílica (mg/lt.)	4-6	5.4
Cloreto (mg/lt.)	15-40	40
Cloro residual (ppm)	0.62-0.7	0.65

Turbidez (NTU)	0.4-0.5	0.5
PH	7.0-8.5	7.4
Fosfato (mg/lt.)	-	-

TABELA NO.25 Comparação das normas da OMS & normas DSCL

Em Kota a água potável é fornecida a partir de Akhelgarh e distribuída para diferentes áreas como, colónia de Akhelgarh ,Mahaveer Nagar, Chhawani & a água das estações destas áreas foram analisadas no laboratório da DM Plant, foram encontrados parâmetros analisados de água potável de todas estas quatro áreas como sendo os mesmos mencionados nos resultados .(tabela no.22)

Além disso, quando se compararam os parâmetros da água de sondagem, observou-se que o valor do pH, o cloro residual permanecia o mesmo, enquanto todos os outros valores de parâmetros variavam muito entre Akhelgarh, como mencionado nos resultados (tabela no.23)

QULAIDADE DOS EFLUENTES

Parâmetros	Normas da OMS	Normas SFC
pH	5.5-9.0	7.35
TSS	100	65.5
TDS	2100	943.5
Azoto amônico	50	43.5
CBO	30	BDL
COD	250	124.6
Óleo e graxa	10	5.5

BDL = Abaixo do limite de detecção, DL, para CBO =2mg/ltr. Todos os resultados são em mg/ lt ,excepto pH

TABELA NO.26 Comparação das normas da OMS e da norma SFC

Ao comparar os valores padrão da OMS com os valores paramétricos de SFC da água efluente, verificou-se que os valores de SFC se enquadram na gama dos padrões da OMS . observou-se também que os níveis de CBO em SFC são constantemente mantidos. (tabela no.26).

Resumo

O principal objectivo do estudo era analisar o Efluente Industrial gerado pela indústria e a adequação da água do canal para uso doméstico. A amostra de efluente industrial combinado foi recolhida e analisada para parâmetros relevantes para manter os níveis de CBO; observou-se que todos os poluentes nas águas residuais tratadas estão muito abaixo das normas prescritas, ou seja, o sistema de tratamento que está a ser utilizado na indústria é bastante satisfatório. A amostra de água do canal foi também recolhida e analisada quanto à adequação química para uso doméstico. e uso de fábrica. Standard Methods for the Examination of water and wastewater 20th edição, 1988. por APHA, American Public Health Association .

REFRÊNCIAS

APHA, Associação Americana de Saúde Pública ,1988.*Métodos Padrão para a Exame da água e das águas residuais* 20th edição.

Arslan I.A. e Isil A.B. (2002), The effect of pre-ozonation on the H2O2 / UV -C treatment of águas residuais da indústria têxtil em bruto e biologicamente pré-tratadas, *Ciência da Água e Tecnologia*, **45**, 297- 304.

Baxter, C W.et al, (2002). Model-based advanced process control of coagulation, *Water Ciência e Tecnologia,* Vol. **45**, (No. 4-5), pp. 9-17, 2002.

Delzer, G.C., e McKenzie, S.W., Novembro de 2003, Five-day biochemical oxygen demand:

U.S. Geological Survey Techniques of Water-Resources Investigations, livro 9, cap. A7, cap.

7.0

D.H.F. Liu e B.G. Liptak, *Tratamento de Águas Residuais* (Boca Raton: Lewis, 1999).

Edwards, T.K., e Glysson, G.D., 1999, Field Methods for Measurement of Fluvial

Sedimento: *U.S. Geological Survey Techniques of Water-Resources Investigations*, Livro 3,

Capítulo C2, 89 p.

Gianluca C. e Nicola R. (2001), Technical note, the treatment and reuse of wastewater in the

textile industry means of ozonation and electroflocculation, *Water*

Investigação,**35**, 567-572.

Glysson G.D., and Gray, J.R., 1997, Coordination and Standardization of Federal

Sedimentation Activities - Expanding Sediment Research Capabilities in Today's USGS,

acedido a 6 de Julho de 1999.

Gray, J.R.,et al ., 2000, Comparability of Total Suspended Solids and Suspended- Sediment

Concentration Data, aprovado para publicação, U.S. Geological Survey.

Guy, H.P., 1969, Laboratory Theory and Methods for Sediment Analysis (Teoria do

Laboratório e Métodos de Análise de Sedimentos): U.S.Geological

Survey Techniques of Water-Resources Investigations, Livro 5, Capítulo C1,

58 p.

Koch M.,et al . (2002), Ozonation of hydrolyzed azodye reactive yellow 84 (CI),

Chemosphere, **46**, 109-113.

Knott, J.M., and et al., 1992, Quality Assurance Guidelines for Analysis of Sediment

Concentration by U.S. Geological Survey Sediment Laboratories: U.S.Geological Survey

Open-File Report **92-33**, 30 p.

Langelier WF. Equilíbrio químico no tratamento da água. *Journal of the American Water Works Association*, 1946, **38**(2):169-178.

Lidia S.,et al. (2001), A comparative study on oxidation of disperse dyes electrochemical process, ozone, hypochlorite and fenton reagent, *Water*

Investigação, **35**, 2129-2136,

Mamais, et al., (1993). Um método físico-cémico rápido para a determinação de COD biodegradável solúvel em águas residuais municipais, Water Res., **27** (1), 195 197. Res. **33** (16), 3459-3468.

Metcalf e Eddy, Inc., *Engenharia de Águas Residuais: Tratamento, Eliminação e Reutilização*, terceiro edição (Nova Iorque: McGraw-Hill,1991

Mount, D.R.,et al. 1997. Modelos estatísticos para prever a toxicidade dos iões principais para CERIODAPHINIA DUBIA,DAPHNIA MAGNA E PIMEPHALES PROMELAS (FATHEA MINNOWS),*Environ. Toxicol. Quimiol.* **16**(10): 2009-2019.

McClanahan MA, Mancy KH. Efeito do pH na qualidade da película de carbonato de cálcio depositada a partir de água moderadamente dura e dura. *Journal of the American Water Works Association*, 1974, **66**(1):49-53.

Qasim. S.R, *Estações de Tratamento de Águas Residuais: Planeamento, Design, e Operação* (Lancaster, Pennsylvania: TechnomicPublishing Company, 1999).

Rajeswari K.R. (2000), Tratamento de ozonização de águas residuais de corantes têxteis utilizando ozonizador de plasma, tese de doutoramento, Universidade da Malásia. Malásia

Sheng H.L. e Chi M.L. (1993), Treatment of textile waste effluents by ozonation and coagulação química, *Water Research,* **27**, 1743 - 1748.
Spanjers, H.; Vanrolleghem, P., (1995). Respirometry as tool for rapid characterization of wastewater and activated sludge., *Water Sci.* Tech., **31** (2), 105-114.

Weber-Scannell, P.K., e L.K.Duffy. 2007. Effects of total dissolved solids on aquatic organisms: a review of literature and recommendation for Salmonid Species.*American Journal of Environmental Sciences.* **3**(1): 1-6.

FSC
www.fsc.org
MIX
Papier aus verantwortungsvollen Quellen
Paper from responsible sources
FSC® C105338